# 数据可视化与应用

## Data Visualization and Application

主　编 / 蒋诚智　唐泽威　丰　慧　宋晨静

东南大学出版社
SOUTHEAST UNIVERSITY PRESS
·南京·

## 内容简介

本书内容包括什么是数据可视化、数据和视觉编码、可视化的图表选择、可视化的工具介绍、Tableau 介绍、D3. js 库介绍、可视化设计的原则、利用 D3 完成图表、时序数据的可视化、地理空间数据的可视化、多元数据的可视化、统计分布数据的可视化、可视化的交互和动画、带交互的可视化综合实验等。本书同时注重理论和实验实训，侧重培养学生的知识应用能力，为培养复合型大数据人才提供支撑。

本书可作为高等院校本科专业大数据管理与应用、信息管理与信息系统等的专业课程教材，也可供相关领域的研究生及工程技术人员参考。

**图书在版编目(CIP)数据**

数据可视化与应用 / 蒋诚智等主编. — 南京：东南大学出版社，2023.12

ISBN 978-7-5766-1006-2

Ⅰ. ①数… Ⅱ. ①蒋… Ⅲ. ①可视化软件 Ⅳ. ①TP31

中国国家版本馆 CIP 数据核字(2023)第 231488 号

**责任编辑**:陈 佳　**责任校对**:韩小亮　**封面设计**:顾晓阳　**责任印制**:周荣虎

**数据可视化与应用　Shuju Keshihua Yu Yingyong**

---

| | |
|---|---|
| **主　　编** | 蒋诚智　唐泽威　丰　慧　宋晨静 |
| **出版发行** | 东南大学出版社 |
| **社　　址** | 南京市四牌楼 2 号(邮编:210096　电话:025－83793330) |
| **出 版 人** | 白云飞 |
| **经　　销** | 全国各地新华书店 |
| **印　　刷** | 苏州市古得堡数码印刷有限公司 |
| **开　　本** | 787 mm×1092 mm　1/16 |
| **印　　张** | 12.75 |
| **字　　数** | 300 千字 |
| **版　　次** | 2023 年 12 月第 1 版 |
| **印　　次** | 2023 年 12 月第 1 次印刷 |
| **书　　号** | ISBN　978-7-5766-1006-2 |
| **定　　价** | 48.00 元 |

---

本社图书若有印装质量问题，请直接与营销部联系，电话:025－83791830。

# 前言

PREFACE

在当今这个信息爆炸的时代，数据已经渗透到我们生活的方方面面，成为一种重要的生产要素。而如何有效地处理、分析和利用这些数据，成为我们面临的一大挑战。数据可视化，作为数据处理和分析的关键环节，逐渐成为研究和实践的热点。这本《数据可视化与应用》，旨在为读者揭示数据可视化的奥秘，帮助读者理解和掌握如何利用数据可视化解决实际问题。

数据可视化，简单来说，就是将复杂的数据转化为直观的图形、图表和图像等形式，使人们能够快速地理解和分析数据。它不仅能够帮助我们快速地了解数据的分布、关系和趋势，还能帮助我们发现数据中隐藏的模式和规律。在商业决策、科学研究、教育等领域，数据可视化都发挥着不可替代的作用。它能够为决策者提供有力的支持，为研究者提供新的视角和思路，为教育者提供生动的教学方式。

本书共分为13章：第1章为数据可视化概述；第2章讲解数据和视觉编码；第3章介绍可视化的工具；第4章为Tableau介绍；第5章为D3.js介绍；第6章讲述图表选择；第7章介绍设计原则；第8章讲解D3.js完成基本图表；第9章介绍时序数据的可视化；第10章介绍地理数据的可视化；第11章介绍多元数据的可视化；第12章介绍数据分布的可视化；第13章介绍带动画和交互的可视化。

本书可作为大数据管理与应用、信息管理与信息系统等经管类本科生的专业课程教材，也可以作为其他专业研究生、专科生的课程教材。在阅读过程中，建议学生结合实际需求和案例进行思考和实践，自己动手敲代码和实际操作软件，体会代码逻辑和实现效果，以便更好地掌握和应用数据可视化的技术和方法。通过阅读本书，学生将能够深入了解数据可视化的基本概念和方法，掌握各种数据可视化的技术和工具，并应用于实际问题的解决中。

本书能够顺利出版还需要感谢南京工程学院经济与管理学院领导和教师的大力支持，感谢江苏知途教育科技有限公司在源代码和课件等方面的合作。感谢教育部产学合作协同育人项目(220901091130120)“基于行业案例融合的新文科大数据管理专业建设课程体系优化探索与实践”、南京工程学院研究生教材建设项目(2022JC14)“数据可视化与应用”的支持。

由于时间仓促,作者水平有限,书中难免存在疏漏之处,还请同行指正并通过作者联系方式进行反馈。

本书作者还提供了完整的课件及源代码以供相关专业教师在教学过程中参考使用,如果需要可致电 025-83792782 免费索取。

蒋诚智

**2023 年 12 月 16 日**

# 目 录

CONTENTS

扫码得第 1 章
全部彩图

# 第 1 章
# 数据可视化概述

## 学习目标

- 能够了解什么是数据可视化
- 了解数据可视化的发展
- 理解数据可视化的作用
- 了解可视化相关的工作

## 能力目标

- 能够描述数据可视化的定义和发展
- 能够解释数据可视化在大数据中的作用
- 能够思考自己希望从事的可视化相关的工作

# 1.1 数据可视化的现状

视觉是人类最重要的感知通道，并且效率非常高。人们天生对图像更加敏感。因此，在今天数据量急速增加、数据的复杂度更加多样的情况下，可通过可视化的手段辅助数据呈现。这使得数据中信息的挖掘和沟通变得更加重要，因此可视化的技术也得到更加广泛的应用。

全世界的数据量都在急剧增加，仅在 2015 年，每天产生的数据量就有 2.5 亿亿字节。根据互联网数据中心（IDC）发布的 *Worldwide IDC Global Data Sphere Forecast*，*2022—2026* 报告预测，到 2026 年数据会增长到 221 ZB（Zettabyte，泽字节，1 ZB = 1 048 576 PB）。井喷式的数据增长，使得人们更加迫切地需要通过快速的手段挖掘数据的价值，并有效地进行沟通。

## 数据可视化的应用

### 1）新闻报道

今天可视化已经无处不在，我们可以在日常生活的方方面面看到数据可视化的各种应用。包括在数字化的新闻报道中，大量的新闻通过图表和交互等手段，更好地完成新闻报道并成功吸引读者的注意力。例如《纽约时报》就有非常多的带交互可视化的新闻，例如脸书（Facebook）在 2012 年以当时全球科技行业最大规模 IPO 市值上市时，《纽约时报》做了一个 Facebook 和其他科技公司对比的报道，通过动态图表的方式给人留下了深刻的印象，如图 1－1 所示。

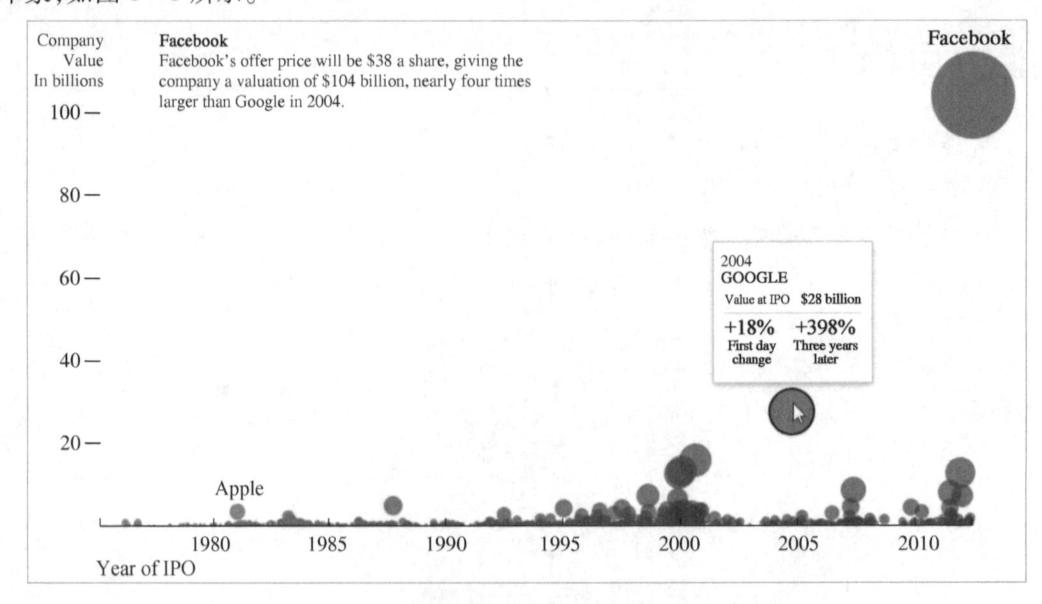


图 1－1　Facebook 与其他科技公司 IPO 价值对比图

### 2）网络媒体

互联网日益发达之后，公众舆论、企业形象、产品营销等等都需要关注广大网民并借助社交媒体。各类平台都会通过类似指数、排名等方式，帮助企业和个人了解当前网络上的最新动态和消息传播。例如，如图 1－2 所示，我们通过百度指数可以了解“大数据”这个概念的搜索热度从 2012 年开始呈逐年上升的趋势，在 2017 年和 2019 年有两次明显的波峰。如图 1－3 所示，“云计算”这个概念的搜索热度在 2011 年开始是比较平稳的，在 2012 年和 2017 年左右有两次比较明显的波峰。通过曲线的可视化方式，可以迅速把握趋势。

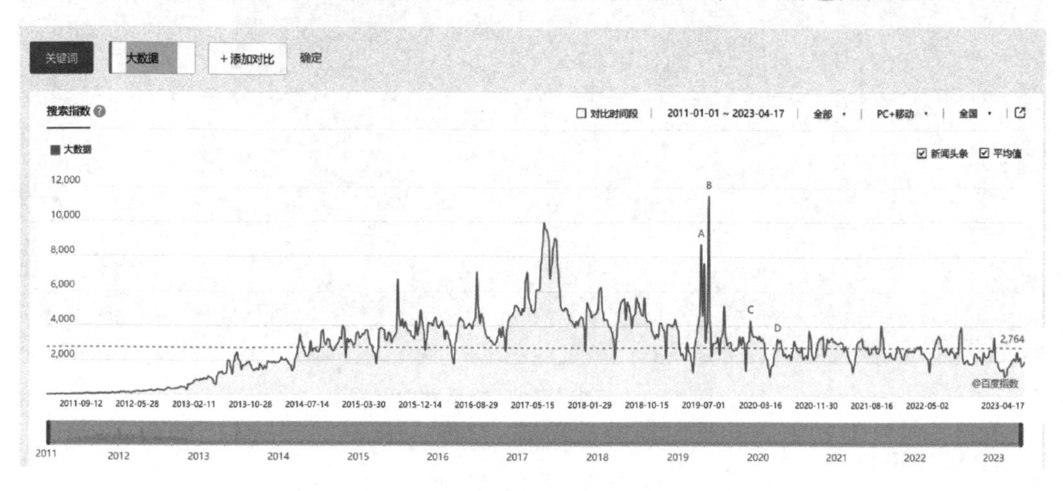


图 1－2　“大数据”关键词的百度指数发展趋势

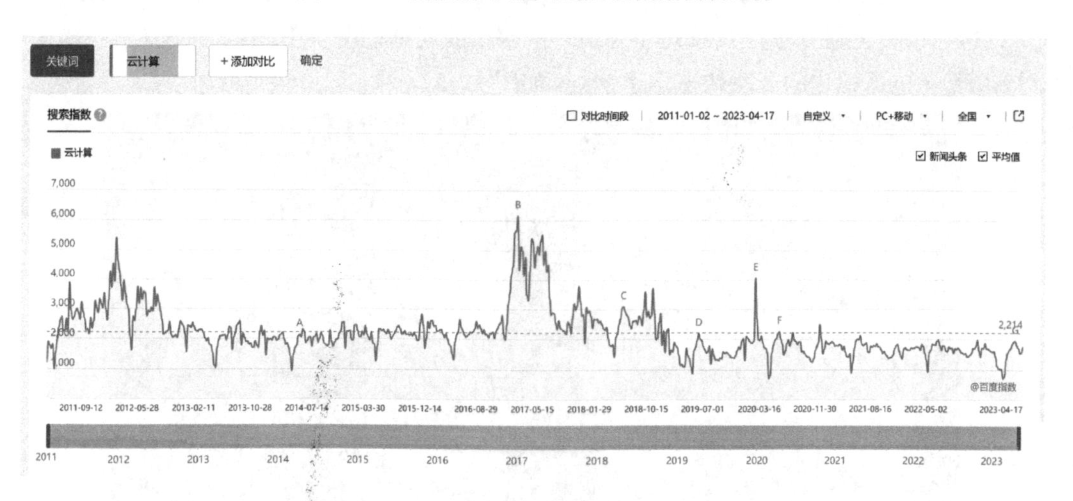


图 1－3　“云计算”关键词的百度指数发展趋势

### 3）智能商业

到目前为止，电子商务在中国的发展已经超过实体零售业，商家可以通过网络完成营销、销售、支付、物流、售后等流程。商家更加需要收集、管理和分析大量的过程数据，从而更好地提升和优化流程，增加竞争力，提高利润率。在此过程中，可视化的手段就更为重要，以淘宝“双 11”为例，每年“双 11”当天，订单量、交易金额以及物流信息等都会以数据大屏的方式呈现，实时了解销售动态和活动情况（如图 1－4）。

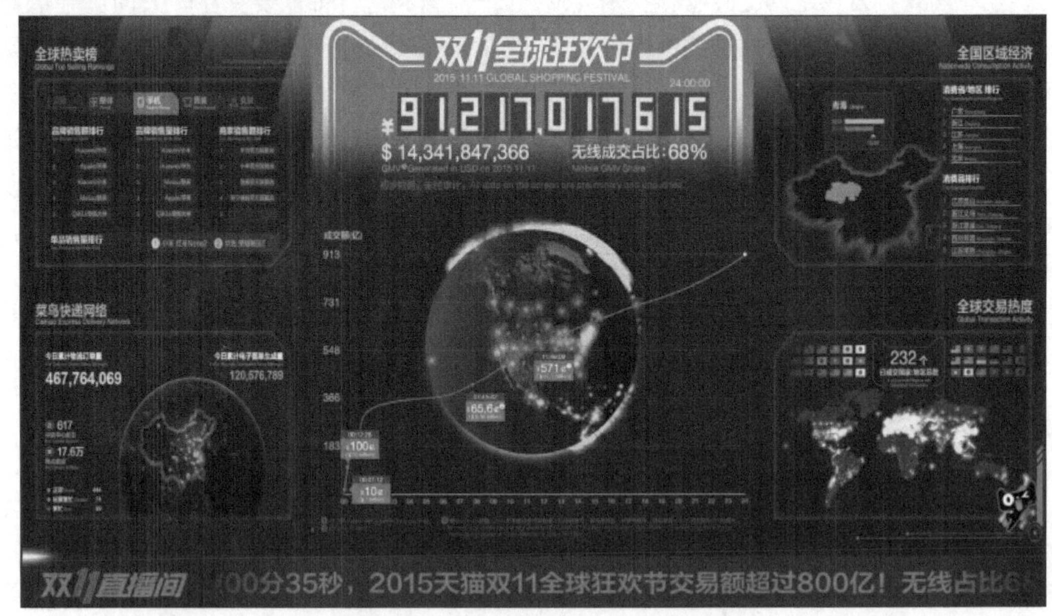


图 1－4　天猫“双 11”交易数据大屏

**4）科学研究**

随着科学技术的发展，众多领域包括医学、气象、工程等等都能采集到大量的数据，通过数据分析和可视化的方法提升研究和应用。最常见的就是在医院中，经常通过 CT 扫描进行病情诊断，通过可视化的方法快速定位病灶（如图 1－5）。

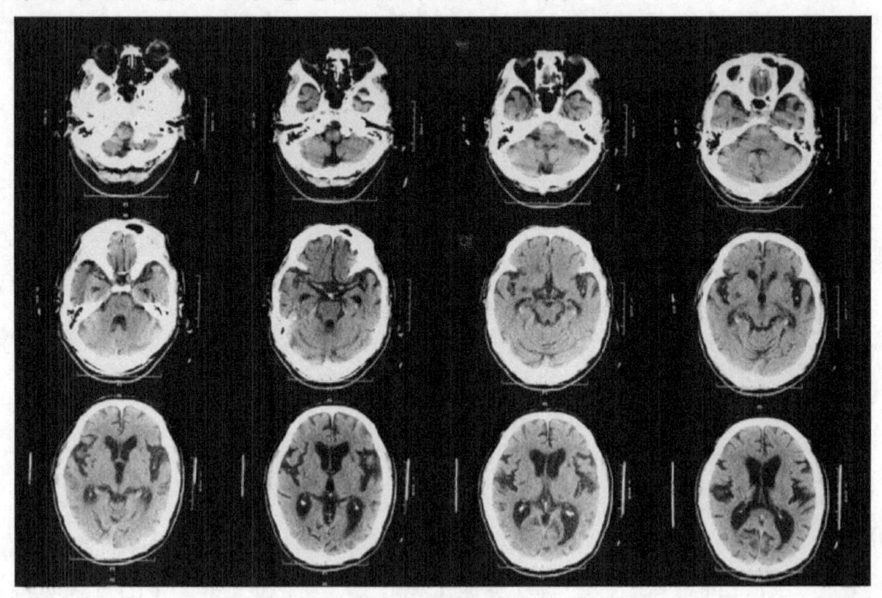

图 1－5　CT 扫描图片示例

### 5）移动应用

今天智能手机已经非常普及，实时定位的打车应用、导航系统和共享单车等等也得到了如火如荼的发展。在手机屏幕上清晰查找位置、查看路线等是此类应用的重要功能。通过可视化的方法进行地图绘制和设计，是非常常见的应用（如图 1-6）。

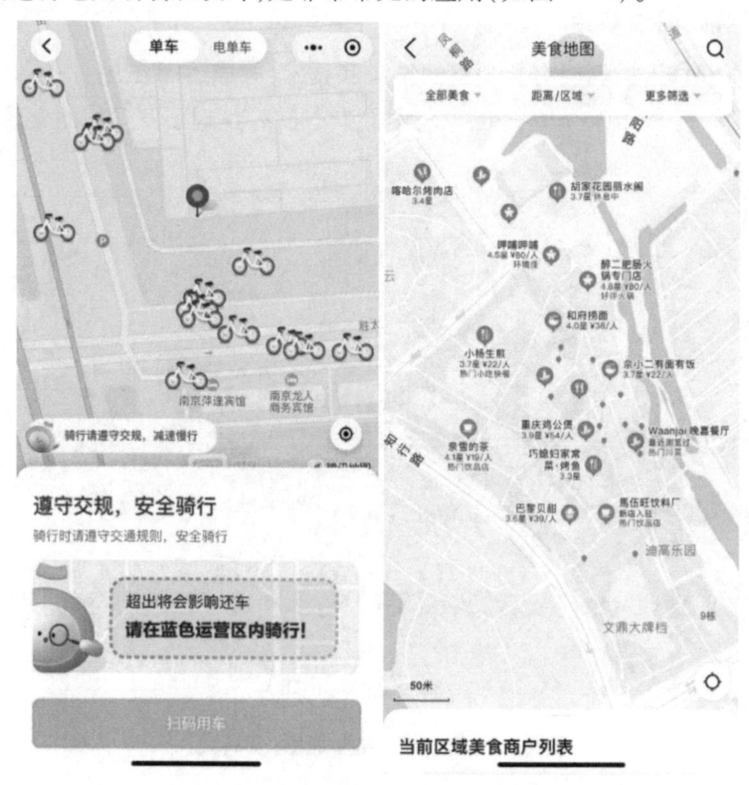


图 1-6　共享单车与美食地图可视化

## 1.2　数据可视化的定义

数据可视化在维基百科中的定义：数据可视化是关于数据之视觉表现形式的研究；其中，这种数据的视觉表现形式被定义为一种以某种概要形式抽提出来的信息，包括相应信息单位的各种属性和变量。数据可视化旨在借助图形化手段，清晰有效地传达与沟通信息。

可以看出，数据可视化的主要作用是传达与沟通信息，作为数据和读者之间的桥梁，如何有效传达数据中的信息是可视化最重要的功能。数据可视化的目标是传递信息和挖掘信息，因此美学形式与功能需要齐头并进，通过直观地传达数据的信息与特征，实现对于复杂的数据集的深入观察。

## 1.2.1 可视化的发展简史

数据可视化并不是一个新事物,已经有非常悠久的历史。

**1) 17 世纪前:图表萌芽**

早在 16 世纪时,人类已经有了观察的设备和技术,并通过手工的方式制作一些可视化的图表,比如图 1-7 就是人类历史上第一幅城市交通图,呈现了罗马城的交通状况。

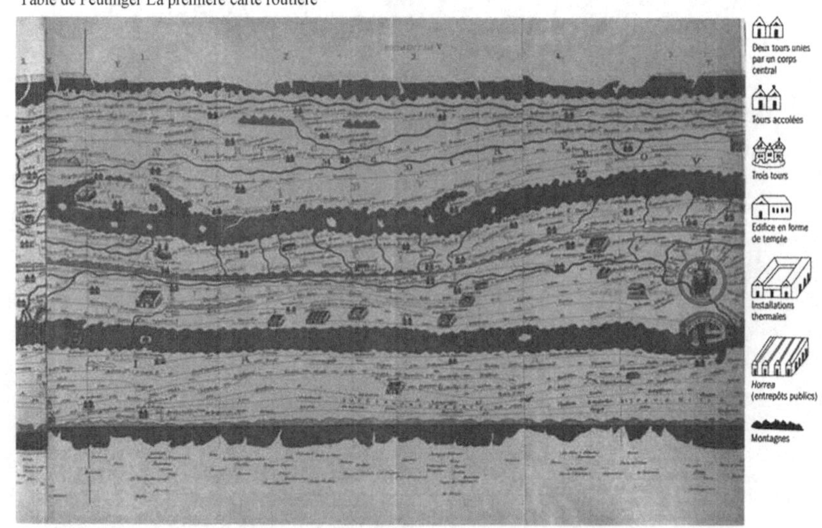


图 1-7 第一幅城市交通图(罗马城)

**2) 1600—1699:物理测量**

17 世纪,科学技术快速发展,对物理学中的基本量的测量技术也日趋完备,人们可以进行测绘、统计、国土勘探等,制图学理论也得到快速发展。17 世纪末,已经有基于真实数据的可视化方法了,如图 1-8 就是 1686 年绘制的历史上第一幅天气图,显示了地球的主流风场分布。

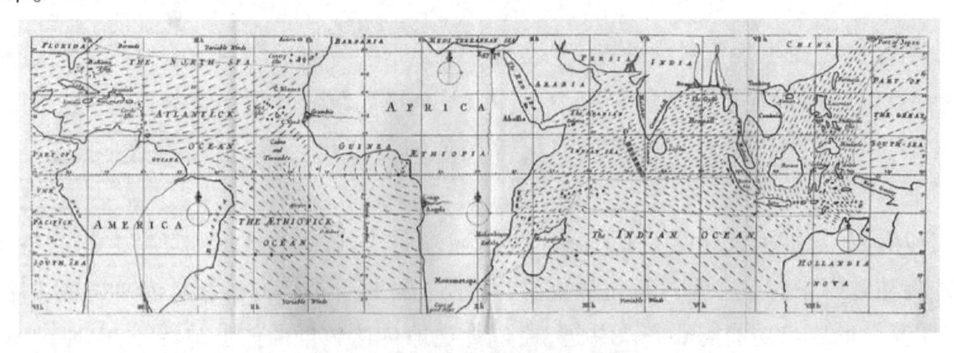


图 1-8 第一幅天气图(地球主流风场分布)

### 3）1700—1799：图形符号

进入 18 世纪，人们已经不限于在地图上绘制几何图形了，发明了更多的抽象图形展示方式，并广泛应用在经济、医学、地理等领域。我们今天还在广泛应用的基本图形，如饼图、折线图、面积图等等都是在这个时期出现的。

图 1-9 是 1701 年的地球等磁线图以及第一幅柱状图，该柱状图用于显示 1780—1781 年的苏格兰贸易出口情况。图 1-10 中第一幅时间序列图用于表示英格兰 1700—1780 年间的贸易出口情况，第一幅饼图用于表示 1789 年土耳其帝国在亚洲、欧洲和非洲的疆土比例。

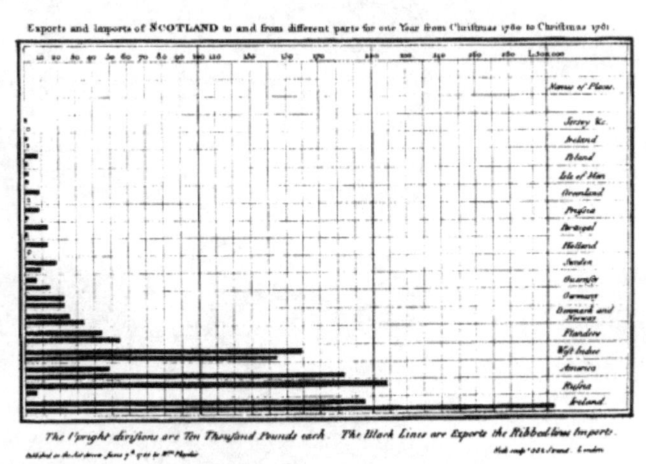


图 1-9　地球等磁线图（左）、第一幅柱状图（右）

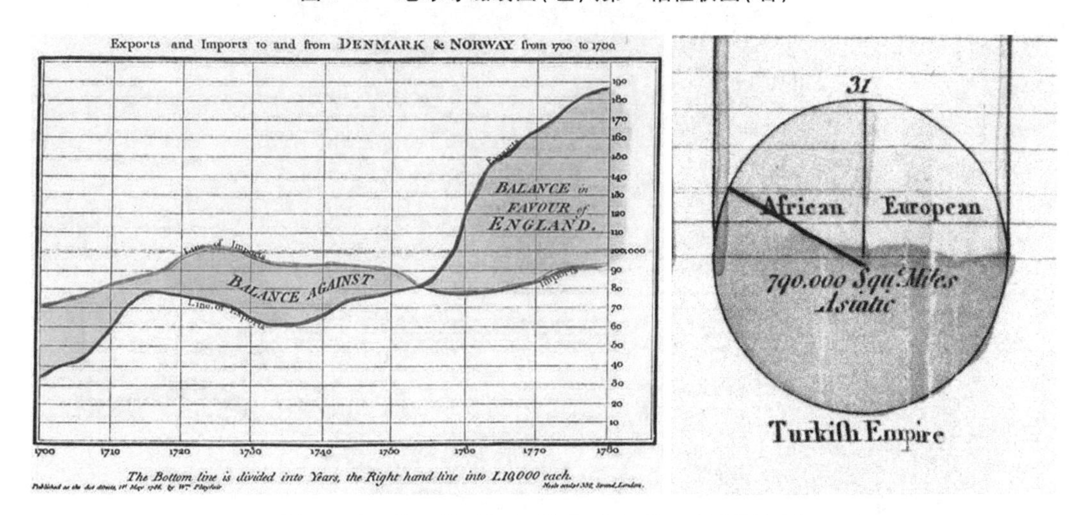


图 1-10　第一幅时间序列图（左）、第一幅饼图（右）

### 4）1800—1899：数据图形

进入 19 世纪上半叶，统计图形和概念图得到迅猛发展，人们可以运用整套的可视化工具对掌握的社会、地理、医学和经济统计数据进行分析和展示，从而促进政府的规划和运营。同时也产生了更多的新思维，如用图表来表达数学证明和函数，表达数据的趋势和分布，等等。图 1－11 是 1837 年人类历史上第一幅流图，用可变宽度的线段来显示交通运输的轨迹和乘客数量。图 1－12 是法国人查尔斯·约瑟夫·米纳德(Charles Joseph Minard)在 1869 年发布的描述 1812—1813 年拿破仑进军莫斯科大败而归的历史事件流图。这幅流图如实地呈现了军队的位置，行军方向，军队的汇聚以及分散、重聚的地点和过程，以及因为低温造成的大量减员，一张图展现了此次战事中丰富的信息。

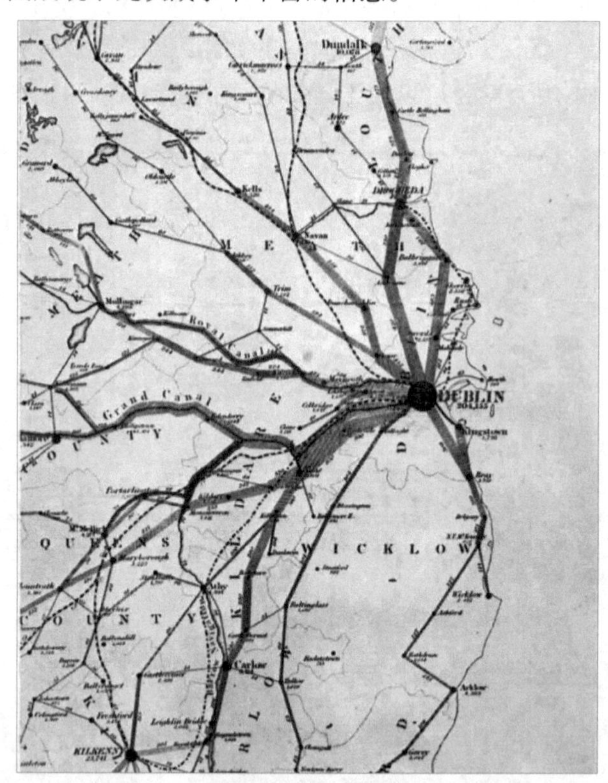


图 1－11　第一幅流图

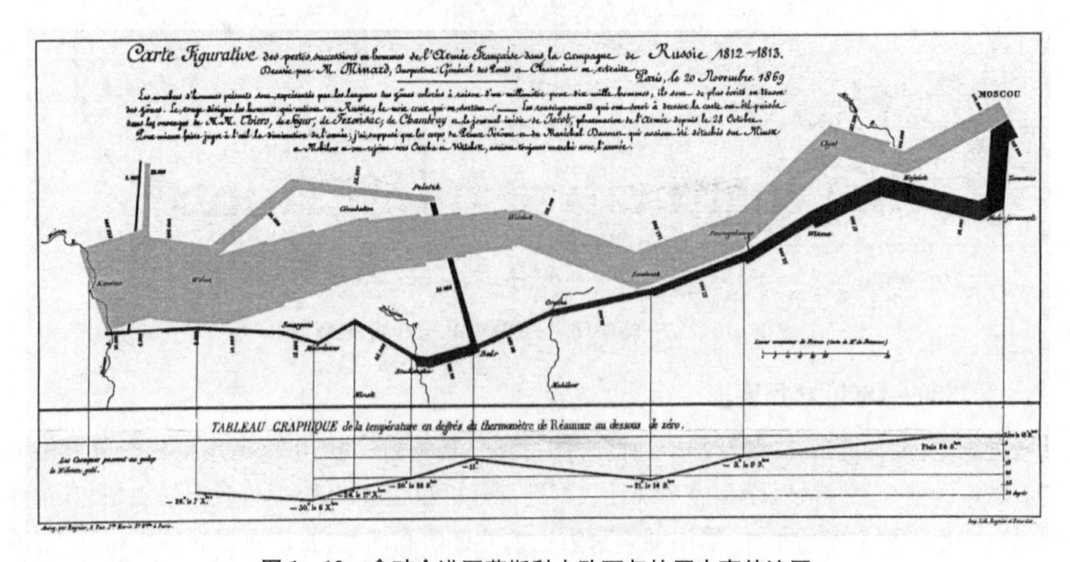


图 1－12　拿破仑进军莫斯科大败而归的历史事件流图

还有一幅非常著名的图，就是由近代护理事业的先驱南丁格尔创作的堆积饼图，又称为玫瑰图（如图 1－13）。她通过这种方式，表达了战地医院季节性的死亡率，打动了当时的军方人士和维多利亚女王，从而通过了医疗改良的提案，改善了战地医院的医疗条件。

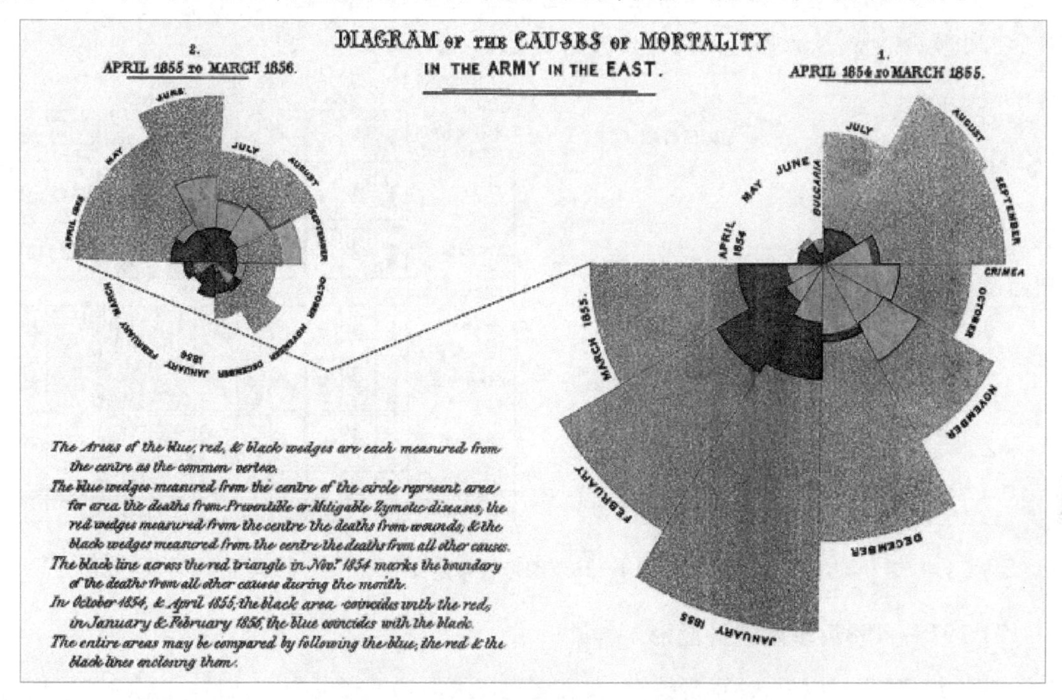


图 1－13　战地医院季节性死亡率的堆积饼图

### 5）1900—1949：现代启蒙

20 世纪上半叶，可视化的发展并不迅速，但是图形与科学、工程领域的结合更多了。1927 年的伦敦地铁图遵循相对的地理位置准确性，1933 年亨利·贝克（Henry Beck）设计的伦敦地铁图更加整齐容易查看，这种可视化方法已经成为标准的地铁展示方式，并沿用至今，大家在各地的地铁站中都能看到类似的示意图（如图 1－14）。

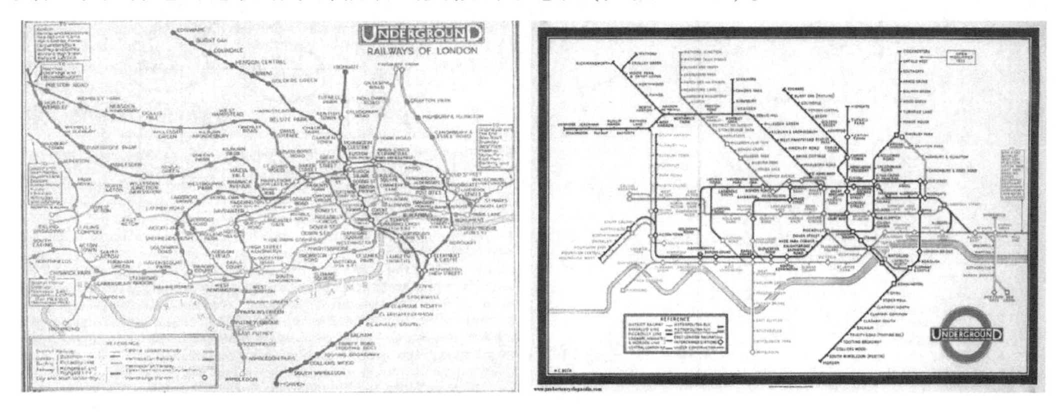


图 1－14　伦敦地铁图

**6）1950—1974：多维信息的可视化**

1967 年，法国人雅克·贝尔坦（Jacques Bertin）出版了《图形符号学》一书，确定了构成图形的基本要素，描述了图形设计的框架，奠定了信息可视化的理论基础（如图 1－15）。随着个人计算机的普及，人们开始用计算机生成可视化图像。

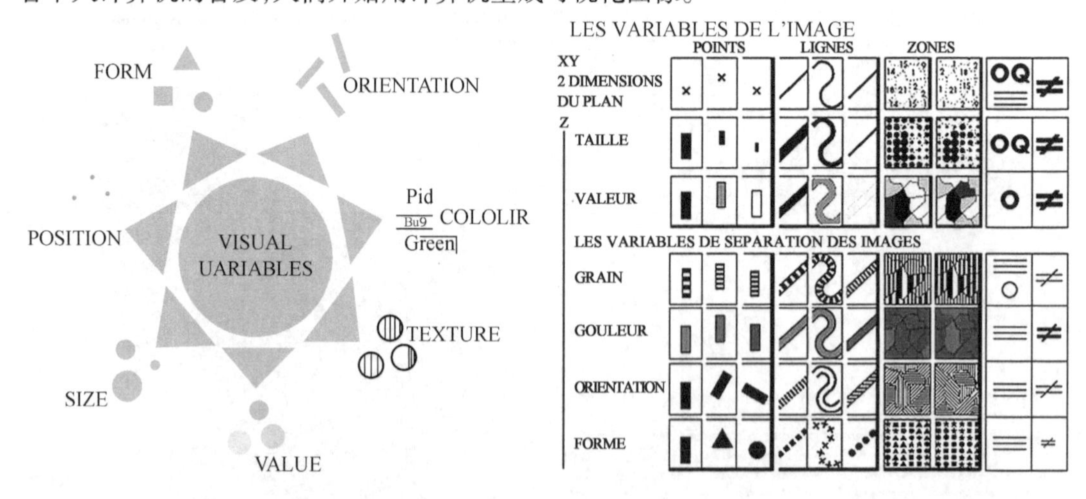


图 1－15　图形符号定义

**7）1975—1987：多维统计图形**

20 世纪 70 年代以后，计算机技术、人机交互技术得到迅猛发展，人们对数据的利用从简单的统计数据扩展为更复杂的网络、层次、文本等非结构化数据和多元高维数据。

图 1－16 是 1975 年发明的增强散点图表达（增加了三条统计均线）以及 1975 年发明的散点矩阵图，都增加了对多维数据的展示能力。

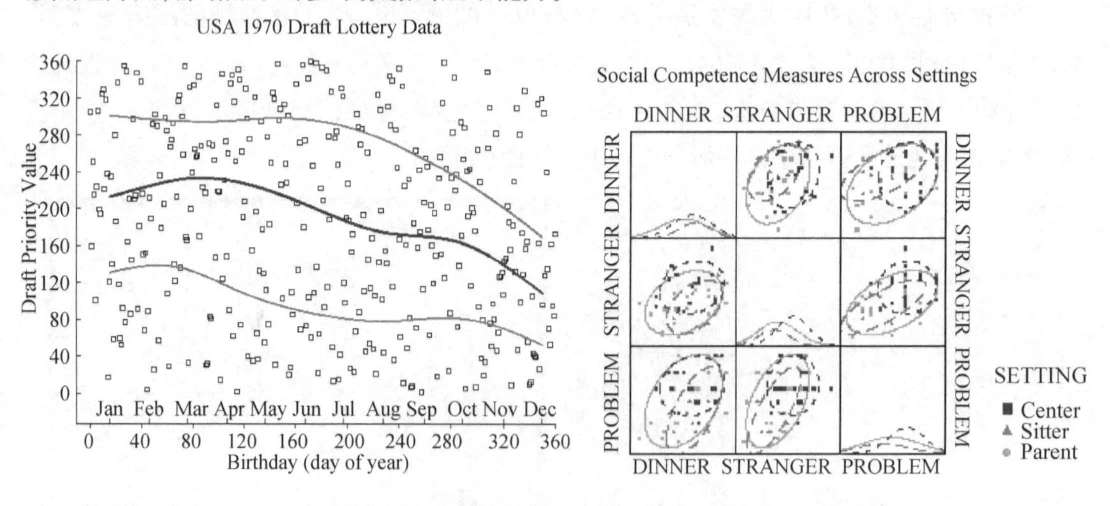


图 1－16　增强散点图（左）、散点矩阵图（右）

还有 1977 年发明的星形图、1985 年发明的平行坐标图也是进行多维度数据表达的重要方法(如图 1－17)。

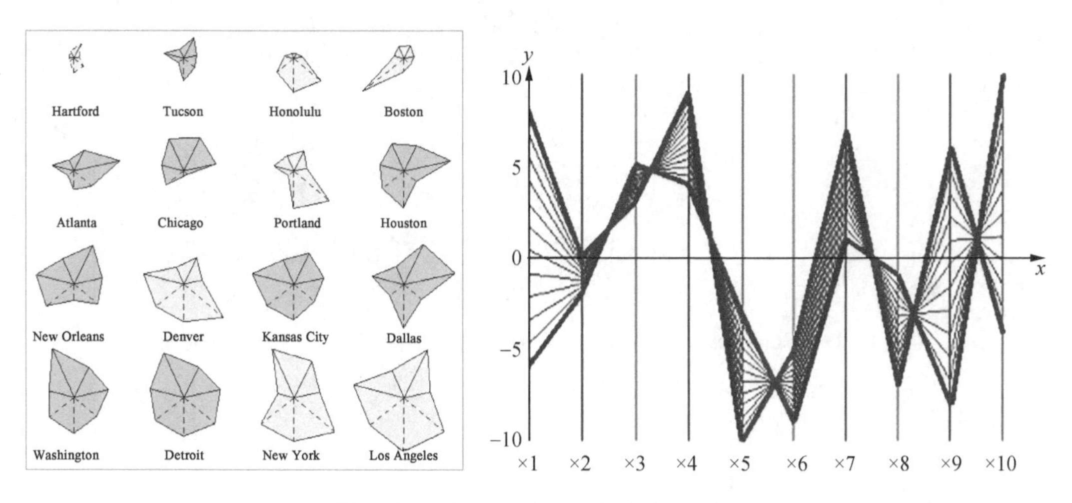


**图 1－17　星形图(左)、平行坐标图(右)**

### 8) 1988 年至今

随着大数据的爆发,传统的可视化技术在应对海量、高维、多源和动态数据方面面临不断的挑战。新的可视化方法、新的交互手段不断涌现。可视化分析学业已成为一门新兴的学科。

图 1－18 是 1991 年发明的树图(通过级联嵌套的方式平面化地表达树结构),以及 2002 年开始风靡的词云(作为文本可视化的重要方法)。

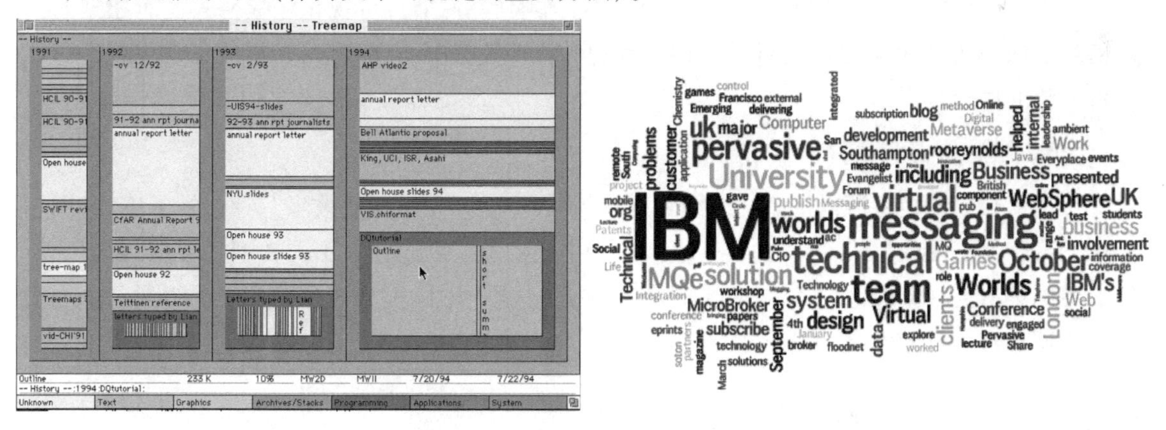


**图 1－18　树图(左)、词云(右)**

目前还有大量的公司提供数据可视化的平台和软件,便于进行可交互的数据分析和展示。例如 GapMinder 就提供了大量与经济相关的数据分析和展示(如图 1－19)。Tableau 作为新兴的数据分析和展示工具,也得到了广泛的应用(如图 1－20)。

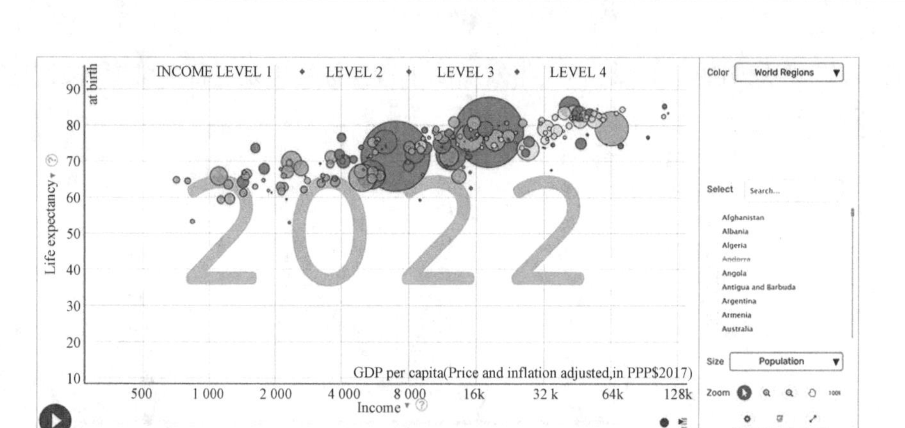


**图 1-19　GapMinder 绘制的人均 GDP(*x* 轴)与平均寿命(*y* 轴)的气泡图**

https://www.gapminder.org/tools/#$chart-type=bubbles&url=v1

## 1.2.2　数据可视化的目的

事实上,数据可视化的功能包括以下三个方面:

**1) 信息记录**

通过图像或草图将海量的数据记录下来是一种非常有效的记录方式。古人记录天文现象或是航海地图都是通过图形化的方式记录信息的重要案例。

**2) 支持对信息的推理和分析**

数据分析的任务通常包括定位、识别、分类、聚类等等,通过可视化能提升人们对数据的信息认识的效率,也能够更好地引导用户发现和推理数据中的有效信息,突破了常规统计分析方法的局限性。

**3) 信息传播和协同**

通常会通俗地将可视化信息传播和协同的功能称为“用数据讲故事”,通过视觉感知,用人们最容易接受的方式,准确地表达复杂数据中的信息。因此针对不同类型的数据,需要选取不同类型的视觉表达方式,针对不同类型的受众,也有不同类型的表达粒度和方式。这也是本课程最主要的内容。

## 1.2.3　可视化在数据分析中的位置

一般的数据分析流程包括三个阶段:首先是数据的获取和清洗整理阶段,我们称之为数据预处理阶段。然后对数据进行过滤、挖掘,发现数据中隐藏的信息和知识,我们称之为探索性数据分析阶段。最后针对数据分析的结果,对数据中的信息和关系进行展示,并和不同的受众进行交互,推动从数据中产生的洞察和决策(如图 1-21)。

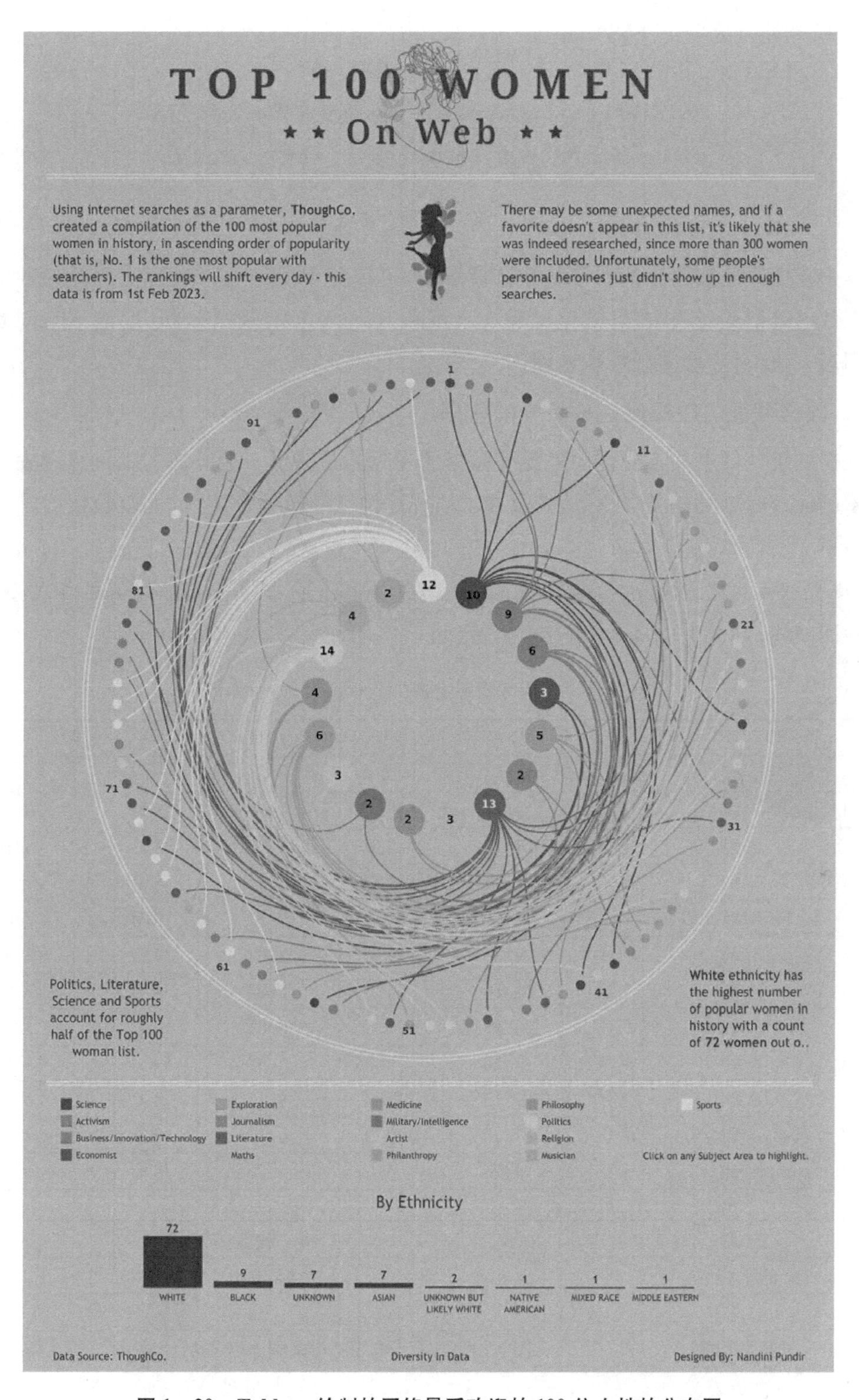


**图 1-20　Tableau 绘制的网络最受欢迎的 100 位女性的分布图**

https://public.tableau.com/app/profile/nandinipundir/viz/Top100WomenontheWeb_16809424442690/Top100WomenonWeb.

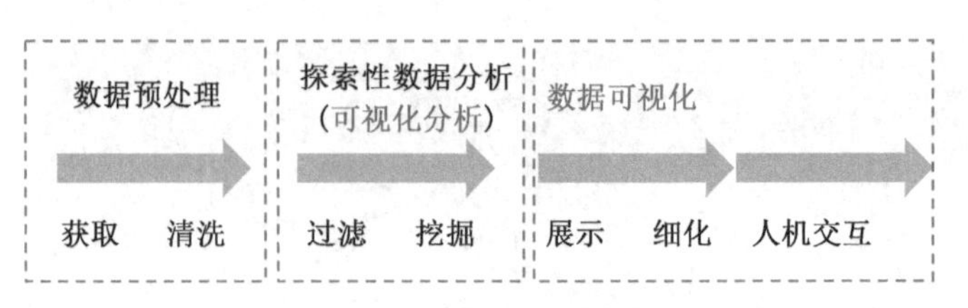


图 1-21 数据分析流程

其中在探索性数据分析和最终数据展示中，可视化手段都可以进行辅助并起到重要作用。在数据分析的过程中，可视化也是一个不断迭代的过程，通过分析、反馈不断调整可视化的图表方法，对数据进行重新处理。

**1) 数据可视化在探索性分析中的作用**

数据的统计信息并不能全面地反映数据的实际分布情况。最经典的案例当属**安斯库姆四重奏**(Anscombe's quartet)，它是四组基本的统计特性一致的数据，这四组数据由统计学家弗朗西斯·安斯库姆(Francis Anscombe)于 1973 年构造。每一组数据都包括了 11 个$(x,y)$点，并具有一致的统计特征，包括 $x$ 和 $y$ 的平均数、$x$ 和 $y$ 的方差、$x$ 与 $y$ 之间的相关系数，以及线性回归线(如表 1-1)。

表 1-1 安斯库姆四重奏(Anscombe's quartet)

| Ⅰ | | Ⅱ | | Ⅲ | | Ⅳ | |
|---|---|---|---|---|---|---|---|
| $x$ | $y$ | $x$ | $y$ | $x$ | $y$ | $x$ | $y$ |
| 10.0 | 8.04 | 10.0 | 9.14 | 10.0 | 7.46 | 8.0 | 6.58 |
| 8.0 | 6.95 | 8.0 | 8.14 | 8.0 | 6.77 | 8.0 | 5.76 |
| 13.0 | 7.58 | 13.0 | 8.74 | 13.0 | 12.74 | 8.0 | 7.71 |
| 9.0 | 8.81 | 9.0 | 8.77 | 9.0 | 7.11 | 8.0 | 8.84 |
| 11.0 | 8.33 | 11.0 | 9.26 | 11.0 | 7.81 | 8.0 | 8.47 |
| 14.0 | 9.96 | 14.0 | 8.10 | 14.0 | 8.84 | 8.0 | 7.04 |
| 6.0 | 7.24 | 6.0 | 6.13 | 6.0 | 6.08 | 8.0 | 5.25 |
| 4.0 | 4.26 | 4.0 | 3.10 | 4.0 | 5.39 | 19.0 | 12.50 |
| 12.0 | 10.84 | 12.0 | 9.13 | 12.0 | 8.15 | 8.0 | 5.56 |
| 7.0 | 4.82 | 7.0 | 7.26 | 7.0 | 6.42 | 8.0 | 7.91 |
| 5.0 | 5.68 | 5.0 | 4.74 | 5.0 | 5.73 | 8.0 | 6.89 |

| 性质 | 数值 |
|---|---|
| $x$ 的平均数 | 9 |
| $x$ 的方差 | 11 |
| $y$ 的平均数 | 7.50(精确到小数点后两位) |
| $y$ 的方差 | 4.122 或 4.127(精确到小数点后三位) |
| $x$ 与 $y$ 之间的相关系数 | 0.816(精确到小数点后三位) |
| 线性回归线 | $y=3.00+0.500x$(分别精确到小数点后两位和后三位) |

但是一旦用散点图把它们绘制出来，就可以看到这四组数据的图表截然不同（如图 1-22）。这个实验的目的是用来说明在分析数据前先绘制图表的重要性，以及离群值对统计的影响之大。因此在进行探索性分析的时候，不论是确定分析方法或是寻找合适的样本数据之前，通过可视化的方法了解数据、发现问题都是非常重要的步骤。

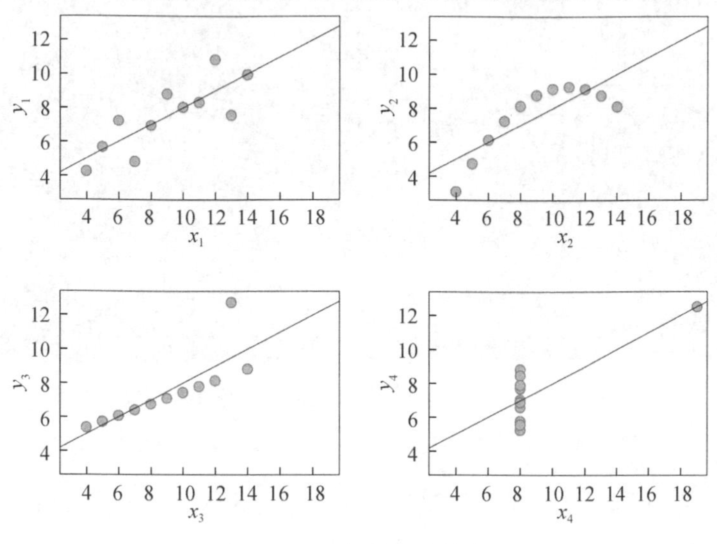


**图 1-22　四组数据的散点图**

### 2）阐述性表达

在数据分析的最后阶段，我们通常都是通过可视化的手段阐述数据中发现的价值，或是提出由数据得到的对问题的洞见。这一部分是可视化在数据分析流程中最重要的部分，体现了可视化最常见的功能——阐述数据价值和沟通数据分析结果。

一个非常精彩的数据可视化表达的例子是汉斯 · 罗斯林（Hans Rosling）教授的可视化项目“4 分钟看遍 200 年内 200 多个国家或地区的兴衰”（视频地址：https://tv.sohu.com/v/cGwvNTE5MDU0NS8zMjgyMz IyMS5zaHRtbA==.html）。汉斯教授使用信息可视化展示世界各国 1810—2009 年的经济和健康的变化。他用了散点图的方法描述了国家经济与人口健康状况的关系，并使用了 3D 的展现方式，使之更生动有趣。

汉斯教授用 $x$ 轴代表人均收入，$y$ 轴代表人均寿命，圆圈大小代表国家人口，圆圈颜色代表国家所在的区域，动画代表时间维度，同时也可以随时获取国家名称（如图 1-23）。随着汉斯教授的演讲和动画的展现，我们会得到一个结论：这个世界上人口的收入和寿命差距在缩短，世界作为一个整体，变得更加富有和健康。但是要注意，$x$ 轴代表的收入是以 10 倍增长的（对数刻度），这样在一个国家已经比较富裕的情况下，财富增长就很难在刻度上体现出来。同样，$y$ 轴刻度是从 25 到 75，这样的刻度比从 0 开始的刻度，对寿命的增长给人的主观感觉强烈得多。因此可视化在阐述数据的过程中起到了很重要的作用。

我们要特别注意：

图 1－23　4 分钟看 200 多个国家或地区 200 年兴衰

- **准确性**

通过合适的编码手段，图形能够准确地表达数据变化的趋势、大小、相互关系等。

- **有效性**

可视化同样也要通过受众能够接受的方式，有效地表达数据的内容、关系，并通过合适的图表及有效的动画和交互，增加可视化的表达能力。

因此要产生好的可视化产品，需要兼具功能性和艺术性，需要更好地理解数据本身，以及交流沟通的受众。根据数据和展现的方式，选择合适的可视化方法，增加信息传递的效率，可以更加吸引人。简而言之，就是通过图表，让数据更好地讲故事。

## 1.3　可视化相关工作

大数据蓬勃发展以来，可视化的工作也越来越重要，很多相关的行业和职位都会加入越来越多的可视化的设计和开发工作。

**1）计算机前端工程师**

不论是 PC 端还是移动端，前端开发工程师需要完成网页的展示、交互的体验。如今，越来越多的产品和网站通过可视化增加网站对信息的展示效果，提升用户的使用体验，以及产生更多和数据相关的功能。这就需要前端工程师能够掌握多种可视化图表的编程方法，通过最有效的方式在网页和产品中增加可视化的功能和元素。

**2）设计师**

设计师，包括平面设计师和网页设计师，本来就是可视化中的专业人员，在大数据的背景下,怎样通过视觉编码或是各种更有效的图表和表达方式展现海量数据中的价值,更是设计师们应该重点发挥的地方。

**3）沟通和运营人员**

大数据背景下,记者在完成新闻稿,运营人员在提交运营报告,以及财务、人力等其他工作人员在进行工作汇报时,也需要以大量数据为依据,借助可视化的手段才能更为有效地阐述观点,提升工作效率,提升岗位职责。在企业中,"数据驱动"的企业运营方式愈发重要,各级职能部门都需要用数据来发现问题,提升效能,支持决策。因此可视化的手段在完成对数据的沟通、挖掘方面更加重要。

## 1.4　小结

- 大数据的增长促进了数据可视化的发展。
- 数据可视化的应用已经无处不在,包括新闻报道、网络媒体、商业智能以及科学研究等。
- 可视化的主要目的是记录信息,支持数据分析,协助信息传达。
- 可视化在维基百科中的定义:数据可视化是关于数据之视觉表现形式的研究,旨在借助于图形化手段,清晰有效地传达与沟通信息。
- 可视化有着悠久的发展历史,每个阶段都有其特点。
- 可视化在探索性分析中可以有效地展现数据的特点和问题。
- 可视化在阐述性表达中需要注意准确性和有效性。
- 从事可视化相关工作的,包括前端开发工程师、设计师和沟通运营岗位的人员。

扫码得第 2 章
全部彩图

# 第 2 章
# 数据和视觉编码

## 学习目标

- 理解数据的类型
- 了解常见的视觉编码方法
- 了解不同的视觉编码方法对应的数据类型
- 理解图表中的重要组件

## 能力目标

- 能够分辨数据类型
- 能够拆解可视化中数据和对应的编码方式
- 能够根据数据选择合适的视觉编码方式

## 2.1 理解数据

我们已经知道,可视化是海量数据和读者受众之间的桥梁(如图 2-1)。我们要完成可视化作品,准确并有效地展示数据,就必须对数据本身有足够的理解。

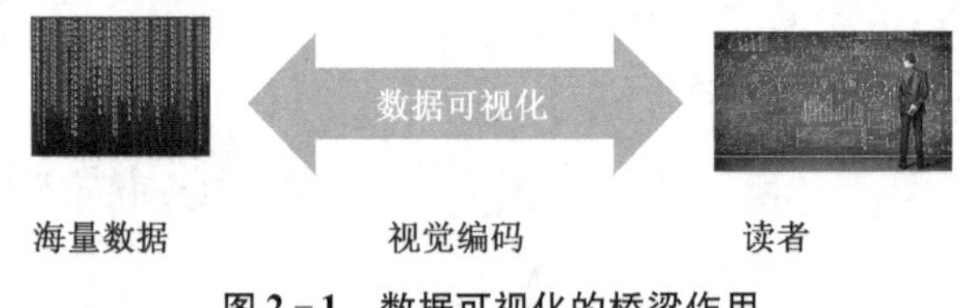


图 2-1 数据可视化的桥梁作用

### 数据类型

首先,我们查看 GapMinder 网站对世界各国从 1800 年到 2022 年的人均 GDP、寿命预期的可视化展示图(如图 1-19)。其中包括的数据有期望寿命、人均 GDP、人口数、年份、国家、地区。我们通常把数据分为两个大类:数值数据和分类数据。

**1) 数值数据**

顾名思义,数值数据就是每个数据点都是数值的情况,每个数据都具有度量的意义,例如上面例子中的期望寿命和人均 GDP,或是身高、体重等。有时候也叫作数量数据。其中又可以再分为离散数据和连续数据。

- 离散数据是一些个别的数值,例如人口数、比赛进球数、产品数量等。
- 连续数据是一定范围内任意数,例如上例中的人均 GDP 和期望寿命,或产品价格、销售额,等等。

**2) 分类数据**

分类数据更多的是代表一些特征,例如国家、地区,或是各种产品名称、种类等等(如图 2-2)。分类数据也可能用数值表示,比方说 1 代表一种产品类型,2 代表另一种产品类型。但是这些数据不具有数值意义,不能对其进行数学运算。分类数据还可以细分为标记数据和有序数据。

- 标记数据是完全不相干的分类名称,比方说产品名、国家名。
- 有序数据是有顺序和级别的分类数据,比方说对城市进行分类,有小城市、中等城市、大城市、超大城市等。或是对产品进行评分,或是安全分级等,都是有序数据,可以进行排序等操作。

**图 2－2　分类数据**

**小测试**

表 2－1 中，哪些数据是离散数据、连续数据、标记数据和有序数据？

**表 2－1　示例表格**

| 订单 ID | 订购日期 | 装运方式 | 客户 ID | 细分市场 | 城市 (City) | 国家/地区 (Country) | 产品 ID | 类别 | 销售额 | 数量 | 利润 | 订单优先级 |
|---|---|---|---|---|---|---|---|---|---|---|---|---|
| IT-2012-EM1414012... | 12/1/1 | 二级 | EM-14140124 | 家庭办公室 | 斯德哥尔摩 | 瑞典 | OFF-PA-4177 | 办公用品 | 44.87 | 3 | -26.06 | 高 |
| HU-2012-AT73557-4... | 12/1/1 | 二级 | AT-73557 | 消费者 | 布达佩斯 | 匈牙利 | OFF-ST-6230 | 办公用品 | 66.12 | 4 | 29.64 | 高 |
| AG-2012-TB112803-... | 12/1/1 | 标准级 | TB-112803 | 消费者 | 君士坦丁 | 阿尔及利亚 | OFF-ST-6261 | 办公用品 | 408.30 | 2 | 106.14 | 媒介 |
| IN-2012-JH159857-4... | 12/1/1 | 标准级 | JH-159857 | 消费者 | Wagga Wagga | 澳大利亚 | OFF-SU-3002 | 办公用品 | 120.37 | 3 | 36.04 | 媒介 |
| IN-2012-JH159857-4... | 12/1/1 | 标准级 | JH-159857 | 消费者 | Wagga Wagga | 澳大利亚 | OFF-PA-3990 | 办公用品 | 55.24 | 2 | 15.34 | 媒介 |
| IN-2012-JH159857-4... | 12/1/1 | 标准级 | JH-159857 | 消费者 | Wagga Wagga | 澳大利亚 | FUR-FU-4075 | 家具 | 113.67 | 5 | 37.77 | 媒介 |
| CA-2012-MM726023... | 12/1/2 | 标准级 | MM-726023 | 消费者 | St. Catharines | 加拿大 | TEC-MA-5503 | 技术 | 314.22 | 1 | 3.12 | 媒介 |
| IN-2012-KN164507-... | 12/1/3 | 当日 | KN-164507 | 公司 | Sydney | 澳大利亚 | OFF-LA-3263 | 办公用品 | 35.88 | 3 | 4.74 | 紧急 |
| IN-2012-KN164507-... | 12/1/3 | 当日 | KN-164507 | 公司 | Sydney | 澳大利亚 | OFF-AP-4733 | 办公用品 | 276.10 | 1 | 110.41 | 紧急 |
| IZ-2012-LW699061-4... | 12/1/3 | 标准级 | LW-699061 | 公司 | Mosul | 伊拉克 | OFF-EN-3663 | 办公用品 | 47.43 | 1 | 17.07 | 高 |
| IR-2012-JO528060-4... | 12/1/3 | 标准级 | JO-528060 | 消费者 | 亚兹德 | 伊朗 | OFF-ST-5695 | 办公用品 | 62.34 | 2 | 8.70 | 媒介 |
| IR-2012-JO528060-4... | 12/1/3 | 标准级 | JO-528060 | 消费者 | 亚兹德 | 伊朗 | OFF-AP-3566 | 办公用品 | 122.58 | 2 | 42.90 | 媒介 |
| IR-2012-JO528060-4... | 12/1/3 | 标准级 | JO-528060 | 消费者 | 亚兹德 | 伊朗 | OFF-FA-3063 | 办公用品 | 16.71 | 1 | 4.17 | 媒介 |

## 2.2　视觉编码

视觉编码是指把数据映射为视觉显示元素。我们还从图 1－19 来看。其中，人均 GDP 通过 $x$ 轴的位置来表示，期望寿命通过在 $y$ 轴的位置来表示，人口通过圆圈的大小来表示，国家所在地区通过不同颜色表示，时间年份通过动画和文字来表示。我们可以说这里用到了多种视觉编码的方式。

常见的视觉编码方式包括但是并不局限于下面几种：

**1）位置**

在给定空间或是坐标系的位置代表数据内容。位置作为视觉编码方式的优点是占用的空间更少。比方说在 $xy$ 直角坐标系中，可以通过 $x$、$y$ 轴绘制所有的数据，每个点代表一个数据，坐标系中所有的点都可以同样大小。然而，绘制大量的数据点后，可以一眼就看出趋势，如是否群集，以及是否有离散值等（如图 2－3）。但是同时这也是其一个劣势，一旦图中有大量的数据点，就很难分辨出每个点代表什么，点重叠的时候更不方便获取每个数据点的含义。

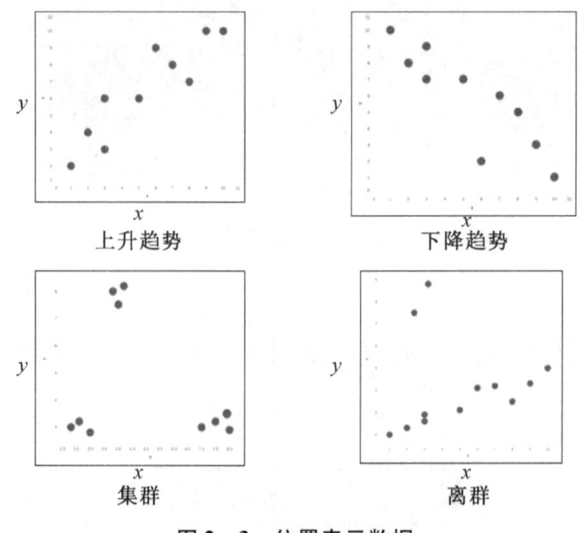


图 2-3　位置表示数据

2）长度

长度经常出现在柱状图中，柱子越长就代表数值越大，可以是水平方向的也可以是垂直方向的。但是用长度表示数据，和刻度有非常大的关系，例如图 2-4，同样的数据，在左图中刻度从 0 开始，两根柱子的长度差别就不大。但是右图中，刻度从 0.34 开始，从视觉角度看，两根柱子的长度就相差很多倍。这也是长度用作视觉编码时特别要注意的地方。

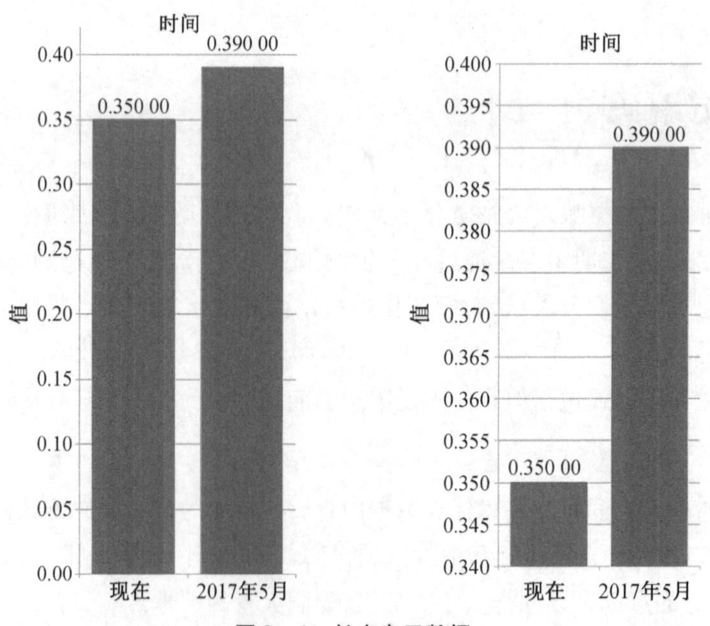


图 2-4　长度表示数据

### 3）角度

角度通常用于饼图和环图中，角度的取值从 0°到 360°，并能隐藏着另一个能够组成完整圆形的对应角，因此角度通常表示整体中的一个部分。虽然饼图经常被滥用，但还是非常有用的基本图表。注意，环形图虽然和饼图类似，其视觉编码其实是弧长，而不是角度，因为角已经被切除了（如图 2－5）。

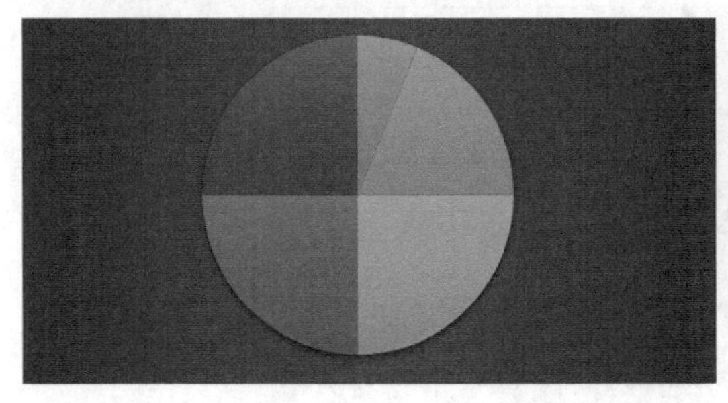
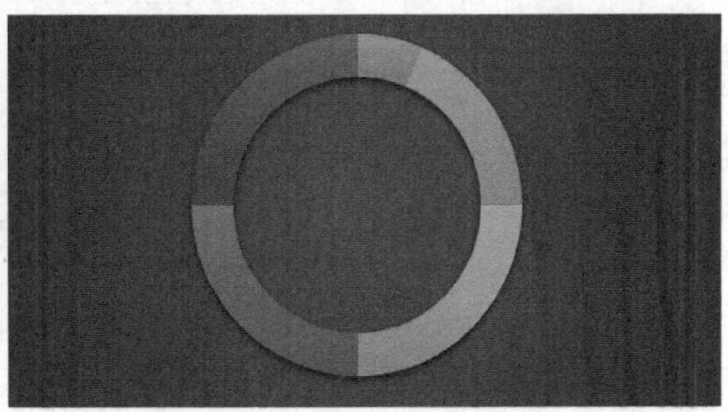

图 2－5　角度和弧长表示数据

### 4）方向

方向和角度类似，是通过坐标系中的一个向量的方向来表示数据，经常在折线图中用线段的方向或是斜率表示数据。和长度的编码方式类似，斜率或是方向也在很大程度上取决于刻度，如同样的数据在不同的 $x$、$y$ 坐标轴上可以表现出变化不大或是非常巨大。

例如图 2－6 的 $CO_2$ 排放量图中，采用不同的 $y$ 轴刻度，从直觉上看，下图的变化就显得比上图大很多。

### 5）形状

形状和符号经常被放到地图或是散点图中，可以区分不同的类型数据。有些时候，用图标来表示现实世界中的事物是合理的，比方用树表示森林，用房子表示住宅，用十字表示医院等。在散点图中，也可以把同类的数据点用相同的形状表示，更能清楚地区别不同类别的数据规律。

### 6）面积和体积

用面积和体积来表示数据的大小，最需要注意的问题就是用的是几维空间。简而言之，如果用圆的面积来表示数据，如果一个圆的直径是另一个圆的 2 倍时，其面积就是 4 倍。对应于两个数据的大小就应该是 4 倍而不是 2 倍。同理，用正方体体积表示数据的时候，高度为 2 倍，体积则为 8 倍。不要用其中的一维度量对应于数据。

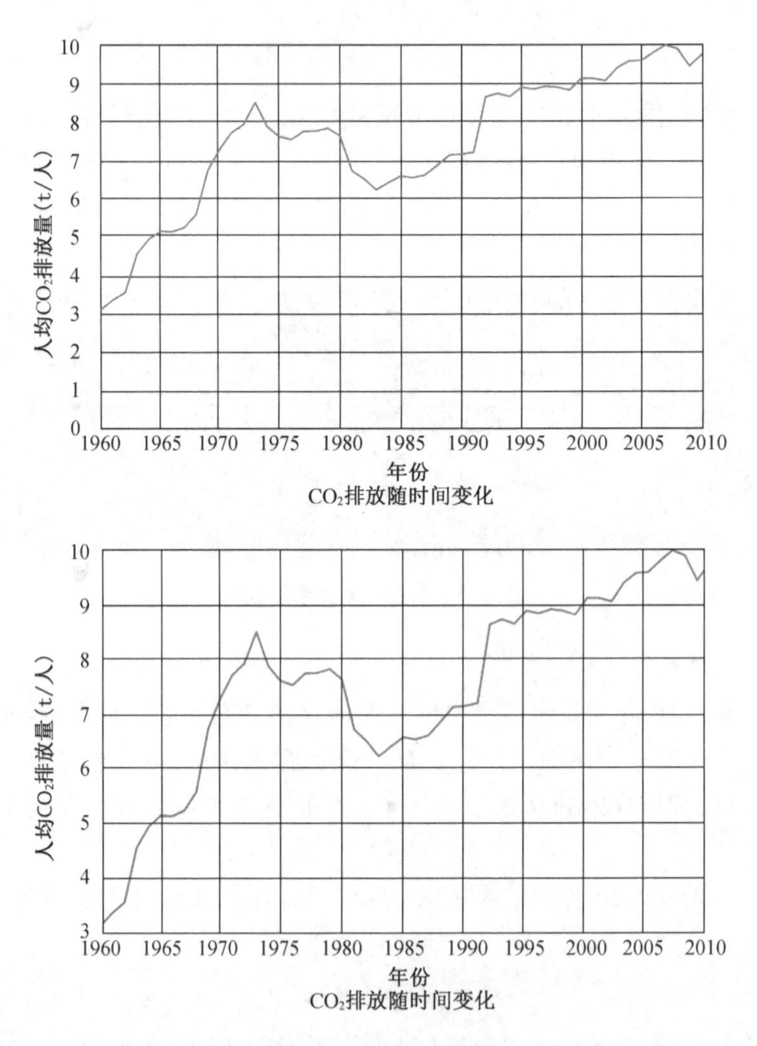


图 2－6　方向表示数据

### 7）颜色

颜色是非常重要的视觉编码，其中色相(hue)和饱和度可以分开使用，也可以结合使用。色相就是通常所说的颜色，如红橙黄绿青蓝紫等，通常用来表示分类数据，每个颜色代表一个分类。饱和度是颜色中色相的量，比如红色中，高饱和度的红色就是大红、深红，低饱和度的就是浅红、淡红等。通常可以用来表示有序数据等。颜色的选用需要特别谨慎，一方面要考虑色盲人群，确保所有的人都能解读图表，另一方面需要合理选择颜色的数目，防止太多的颜色干扰图表。

## 数据编码和数据类型的匹配

我们可以看出，不是所有的数据类型都可以用任意的数据编码表示，例如颜色的饱和度可以表示有序数据或是数值数据，但是不合适表示分类数据。我们总结出表2－2，可以作为参考。

**表2－2　数据编码和数据典型的匹配**

| | 位置 | 长度 | 角度 | 方向 | 形状 | 面积 | 体积 | 饱和度 | 色相 |
|---|---|---|---|---|---|---|---|---|---|
| 数值数据 | ✓ | ✓ | ✓ | ✓ | | ✓ | ✓ | ✓ | |
| 分类数据 | ✓ | | | ✓ | ✓ | | | | ✓ |
| 有序数据 | ✓ | | | ✓ | | ✓ | ✓ | ✓ | |

同时，人们理解各种视觉编码的精确程度各不相同。1985年AT&T贝尔实验室的统计学家威廉·克利夫兰（William Cleveland）和罗伯特·麦吉尔（Robert McGill）发表了关于图形感知的论文，得出了从最精确到最不精确的排序清单（如图2－7）。但是记住，这只是一种参考，并不是说散点图总是比折线图好。结合数据和沟通的人群，寻找最合适的数据表达方式。

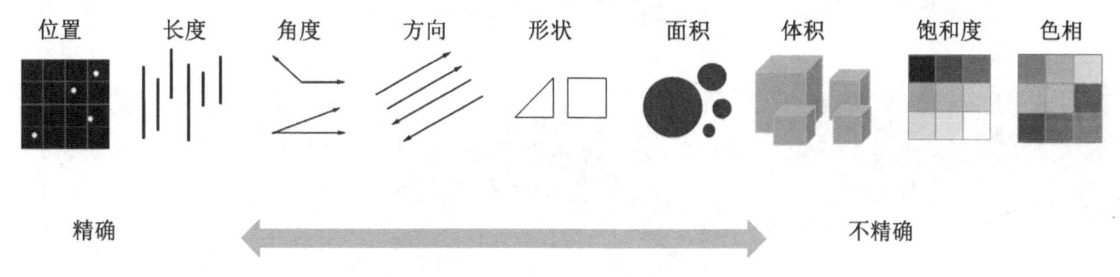


**图2－7　数据精确度顺序**

## 小测试

图2－8是2022年卡塔尔世界杯的比赛可视化图表，请尝试着分解一下这个可视化图形中的数据和对应的编码方式。

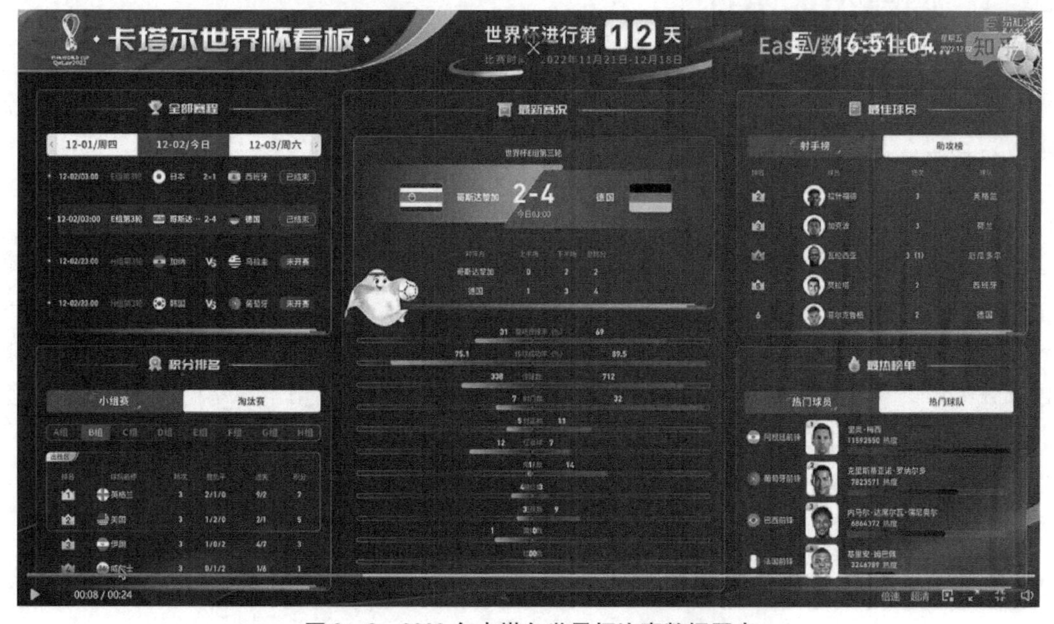


**图2－8　2022年卡塔尔世界杯比赛数据图表**

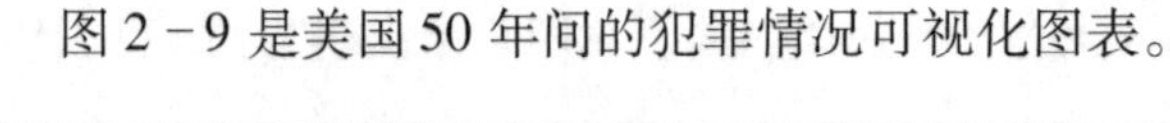

图 2-9 是美国 50 年间的犯罪情况可视化图表。

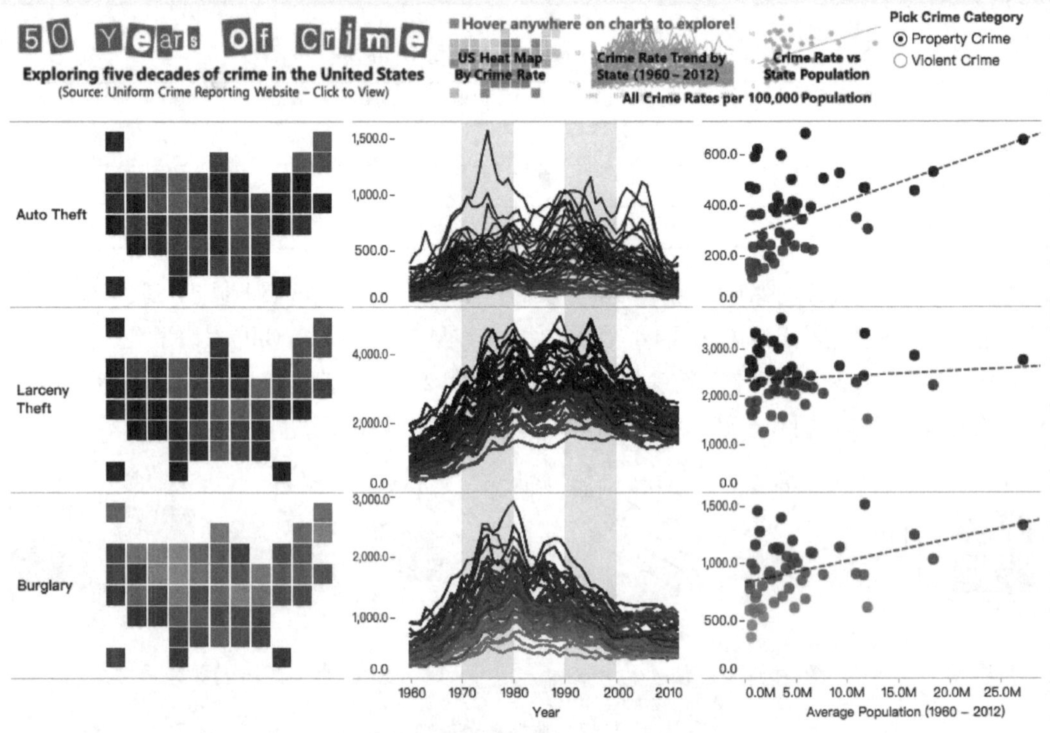


图 2-9　美国 50 年犯罪数据图表

## 2.3　图表中的组件

除了可视化编码之外，图表还有一些非常重要的组件，包括坐标系、标尺、背景信息等等。只有信息完备，才能够正确和有效地表达数据内容。

### 2.3.1　坐标系

给数据编码的时候，要把物体放到一定的位置，这个结构化的空间中能指定图形或是颜色画在哪里的规则就是坐标系。有几种不同的坐标系，分别是直角坐标系（也称为笛卡儿坐标系）、极坐标系和地理坐标系。

**1）直角坐标系**

直角坐标系是最常用的坐标系，柱状图、线图、散点图等都是在直角坐标系下完成的。坐标的两条线垂直相交，取值范围从负数到正，组成了坐标轴，交点就是原点。当然直角坐

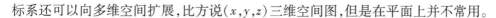

标系还可以向多维空间扩展，比方说$(x,y,z)$三维空间图，但是在平面上并不常用。

**2）极坐标系**

最常见的饼图就是采用了极坐标系，极坐标系由一个圆形网格构成，最右边的点是零度，角度越大，逆时针旋转越多，距离圆心越远，半径越大。极坐标系没有直角坐标系用得多，但是在表示角度和方向时很有用。

**3）地理坐标系**

地理坐标系最大的好处就在于它与现实世界的联系。用地理坐标系可以直接映射位置数据，通常都是用经度和纬度来描述的。绘制地表地图最关键的就是要在二维平面上显示球形物体的表面，有多种不同的实现方法，被称为投影。最常用的是墨卡托投影法，能在局部区域保持角度不变。

## 2.3.2　标尺

坐标系确定了可视化的空间维度，而标尺则是指定了在每一个维度中数据应该映射到哪里。标尺也有很多种，可以用数学函数定义自己的标尺，常用的标尺包括数字标尺、分类标尺和时间标尺（如图 2－10）。

**1）数字标尺**

数字标尺中最常见的是线性标尺，其间距处处相等。无论在坐标轴的什么位置，相同距离代表数值的差距都是相同的。另一种是对数标尺，随着数值的增加，长度是压缩的。对数标尺不像线性标尺那样使用广泛，但是对于数值的百分比变化，或是数值的范围很广的情况，对数标尺也是非常有用的。还有一种是百分比标尺，也是线性的，通常用来表示整体中的部分，最大值是 100%。

**2）分类标尺**

分类数据可以通过坐标轴确定，但是其中的间隔是随意的，和数值没有关系。通常为了增加可读性，可以进行调整。但是对于有序数据，按照顺序完成分类标尺，例如从好评度由低到高的方式设计标尺，对理解图表还是非常必要的。

**3）时间标尺**

时间是连续变量，可以把时间数据画到线性标尺上。可以将时间分成月份或是星期，变成离散变量处理。时间也可以是周期性的，如每天、每个星期或是每个月等周期。时间标尺和人们的日常生活紧密相关，还是非常易于理解的。

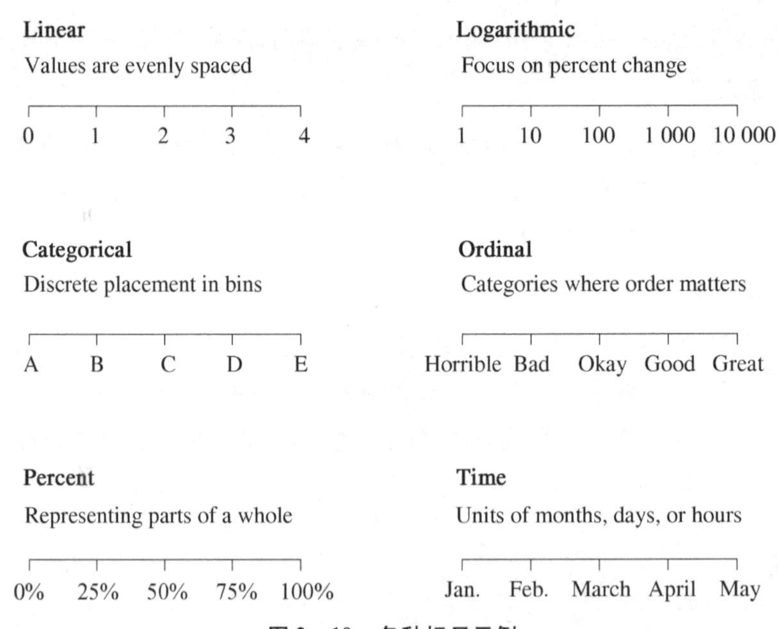


图 2－10 各种标尺示例

### 2.3.3 背景信息

背景信息是指为了帮助更好地理解数据，为图表增加的图例、坐标轴说明、标题、描述性文字等等。这些内容帮助读者理解图表所代表的数据，也能让图表更清晰准确地表示数据。

如图 2－11 中的图表的标题、坐标轴的说明、描述文字和图例等，都能够清晰地表示图表说明的数据内容。

## 2.4 整合可视化的组件

单独看每个可视化的组件，以及各种视觉编码的方式，可能并没有什么特别。但是把它们放在一起就可以组成多种多样的完整的可视化的图形（图 2－12）。

比方在直角坐标系中，水平轴上用分类标尺，垂直轴上用线性标尺，长度作为视觉编码，这就是柱状图。在极坐标系中，半径用百分比标尺，旋转角度用时间标尺，面积作为视觉编码，可以画出南丁格尔玫瑰图。在地理坐标系中，用颜色作为视觉编码表示分类，就是常见的区域地图。

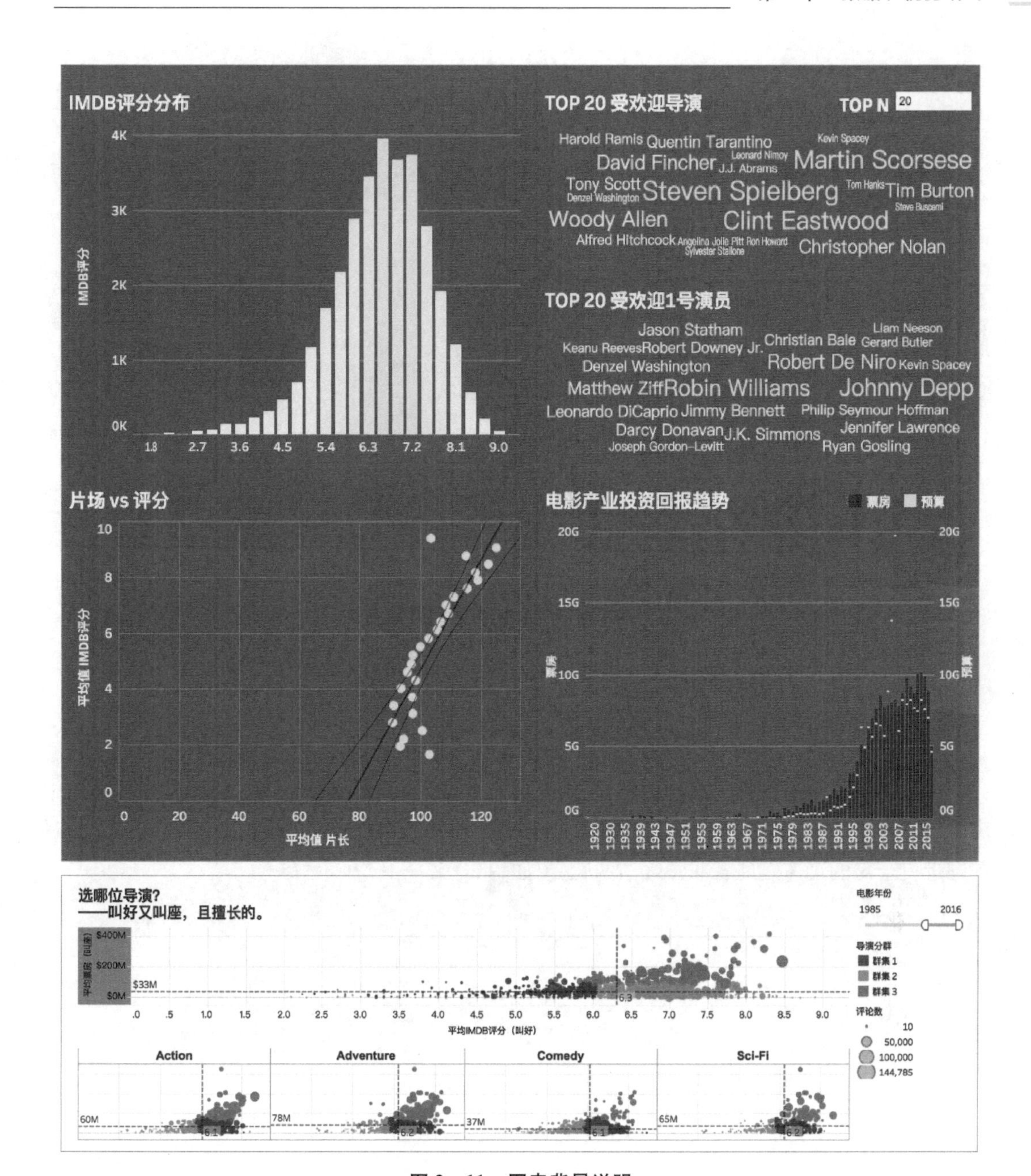


图2-11 图表背景说明

根据数据类型，选择合适的视觉编码，把数据映射到几何图形或是颜色上，从而完成可视化作品。其中视觉编码、坐标系、标尺和背景信息都是我们拥有的可视化的原材料，怎样组合各种原材料，创建图表，达到有效和准确表达数据的目的，是我们可视化设计的基本要求。

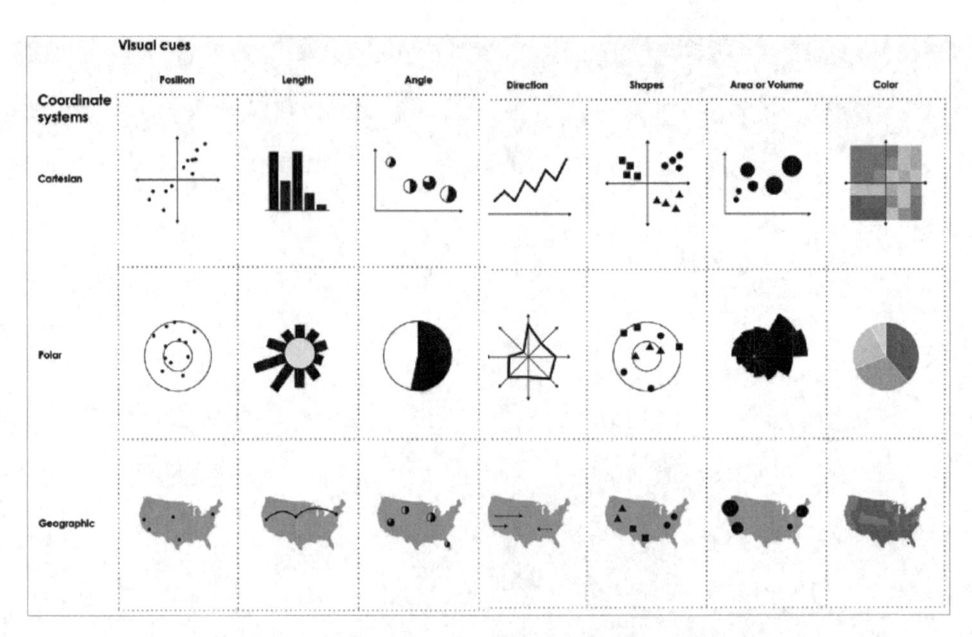


图 2-12　可视化组件的整合

## 动画

动画可以说是一种另一层面上的视觉编码，可增强人们对数据的认识，现在也是可视化中广为应用的一部分。在我们多次引用的 GapMinder 里 60 年国家的兴衰可视化表示中，人们对中国近三十年的飞速发展有非常强烈的感受，如图 2-13 所示。

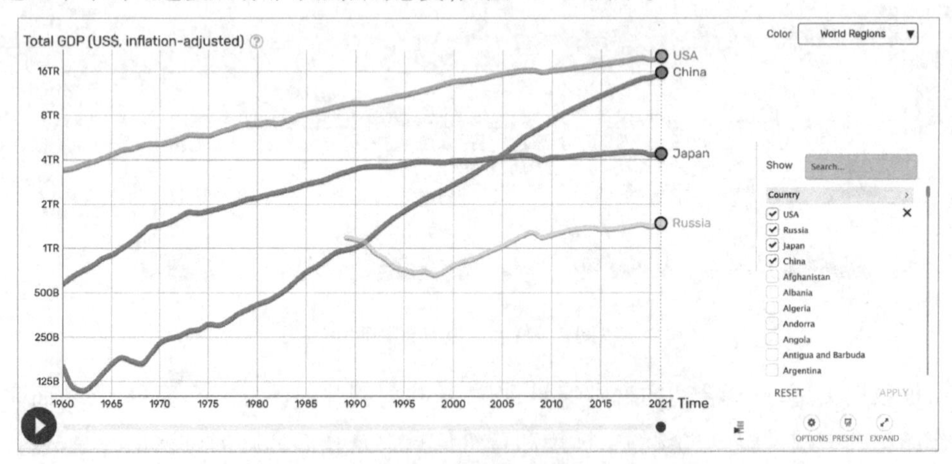


图 2-13　近 60 年国家或地区 GDP 变化

https://www.gapminder.org/tools/#$model$markers$line$data$filter$dimensions$country$country$/$in@=usa&=chn&=rus&=jpn;;;;;;&encoding$y$data$concept=total_gdp_us_inflation_adjusted&source=sg&space@=country&=time;;&scale$type:null&domain:null&zoomed:null;;&frame$speed:698&value=2021;;;;;&chart-type=linechart&url=v1

图 2－14 表现了英国的历年温度变化，可以在逐步推进的三维坐标中找到天气特别的年份。

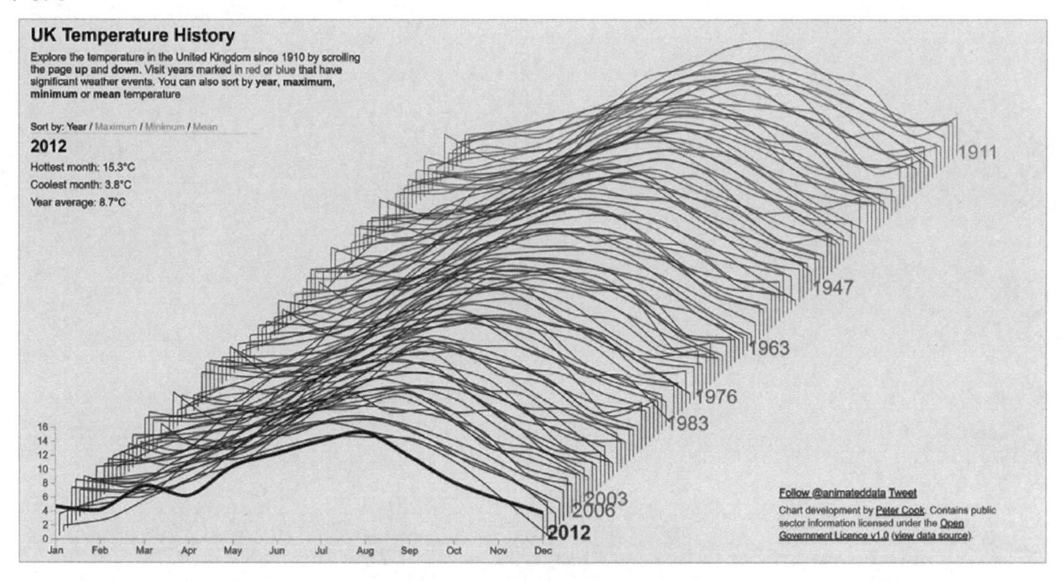


**图 2－14　英国历年温度变化图**

http://charts.animateddata.co.uk/uktemperaturelines/

## 2.5　小结

- 数据的类型包括数值数据和分类数据，其中数值类型中有离散的和连续的数据，分类数据中有标记类型和有序类型的数据。
- 视觉编码有多种方式，包括位置、长度、角度、方向、形状、面积、体积、饱和度和色相等。
- 不同的视觉编码对应于不同的数据类型。
- 人们对不同的数据编码的敏感度也不同。
- 坐标系是图表的重要组件，包括直角坐标系、极坐标系和地理坐标系。
- 标尺也是图表的重要部分，常见的有数值标尺、分类标尺和时间标尺。
- 通过增加图例、坐标轴的说明、标题和描述文字等背景信息，能让图表更清晰地表达数据内涵。
- 各种组件整合可以形成多种多样的可视化的表示方式。
- 动画也是一种类型的视觉表达，能够突出某些数据。

扫码得第 3 章
全部彩图

# 第 3 章
# 可视化的工具

## 学习目标

- 了解常见的可视化工具
- 了解各种不同情况下可以使用哪些工具
- 了解不同的工具的作用

## 能力目标

- 能够根据实际场景选择合适的可视化工具

## 3.1 工具的类别

通过学习相关数据和视觉编码的知识,我们已经知道如何将数据分类,如何选择合适的视觉方式来展现数据,已经了解这是一个理解数据,整理数据,并针对读者进行图表设计的过程。然后最终用什么来实现可视化呢?现在有大量的工具可以使用。哪一种工具最适合取决于数据以及可视化的目的。

这里把工具大体分为需要程序实现的和非程序实现的。但是这种分类还是很粗浅的,还有大量的专用工具,如为某一些特殊类型的数据或是某一些特定的图表或目的进行可视化的平台。

### 3.1.1 非程序类工具

**1) Excel**

Excel 是应用最广泛的电子表格软件,可以方便地完成简单的图表。但是 Excel 局限之处在于它一次能处理的数据量不大,而且除非了解 VBA 这个内置的编程语言,否则针对不同数据集重新绘制一张图表会是一件非常麻烦的事。

**2) Tableau**

Tableau 是目前发展迅猛的商业智能可视化分析软件,源自美国斯坦福大学的科研成果,用所见即所得的方式完成数据分析及可视化图表和报告的创建。可以对接多种数据源,并提供多种交互方式,方便分享。Tableau 是目前广泛应用和快速发展的可视化分析工具。

**3) 图表秀**

国内外都有很多在线可视化工具,可以通过简单的拖拽,在给定的模板上完成相应的可视化作品。缺点是受制于模板的种类和样式,同样也需要公开数据并上传到服务器。

**4) 阿里云、QuickBI、DataV**

这些都是简单的云上可视化图表工具,可以无缝集成云上数据,快速搭建数据门户。QuickBI 提供海量数据实时在线分析服务,支持拖拽式操作,提供了丰富的可视化效果,可以帮助使用者轻松自如地完成数据分析、业务数据探查、报表制作等工作。DataV 曾更注重数据大屏,旨在让更多的人看到数据可视化的魅力,帮助非专业的工程师通过图形化的界面轻松搭建专业水准的可视化应用。这些云上可视化图表工具提供丰富的可视化模板,满足会议展览、业务监控、风险预警、地理信息分析等多种业务的展示需求。

### 3.1.2 程序类工具

虽然拖拽式的平台或软件可以简单上手，但是代价是这些软件都是有一定模板的，样式也有一定限制，如果使用者想做一些特殊的可视化方法，或是自由设计样式，还需要自己用编程的方式实现。虽然编程类的方法一开始会比较困难，但是一旦熟悉并逐步构建自己的库之后，重复这些工作，或是有新的数据需要分析展示的时候，就会容易很多。

**1）R 语言**

R 是用于统计学计算和绘图的语言，最早是分析师常用的编码。但是 R 作为开源的项目，有很多人做了扩展包，可以使得统计绘图和分析更加简单。常用的绘图的扩展包包括 ggplot2 等。如果希望通过编程完成静态图形，R 是一种很好的方式。

**2）D3. js（JavaScript + HTML + SVG + CSS）**

对于面向 Web 的、在线可交互的可视化作品，最有可能的就是通过 JavaScript 完成的。其中 D3. js 是一套针对可视化的 JavaScript 库，提供了基于数据的 DOM 操作，能够将数据与可视化表达区分，又提供了极大的设计灵活性，并发挥了 CSS3、HTML5 和 SVG 等 Web 标准的最大性能。作为开源项目，拥有活跃的社区和大量的例子可以参考，在业界也得到广泛的应用。

**3）Processing**

Processing 是一个开源的编程语言和编程环境，被视为数字艺术家创造可视化和绘图的软件，支持很多现有的 Java 语法架构，简单易学，设计人性化，可以生成非常炫目的可视化效果图。

**4）Python**

Python 是通用的编程语言，并不是针对图形设计的，但是因为广泛用于数据处理和数据分析，并且有 Matplotlib 等支持可视化的包支持，也可以完成相当多的可视化作品。

### 3.1.3 特定的可视化工具

还有很多工具更特定地针对某种可视化的方法或数据。如果想表现某些数据或是用特定的方法，利用这些工具能够达到事半功倍的效果。

Gephi（Gephi. org）是一款开源的画图软件，支持交互式探索网络和层次结构。如果做复杂的网络图，或是类似图 3 - 1 的一个结构点和一束边线组成的可视化图形，就可以使用这个工具。

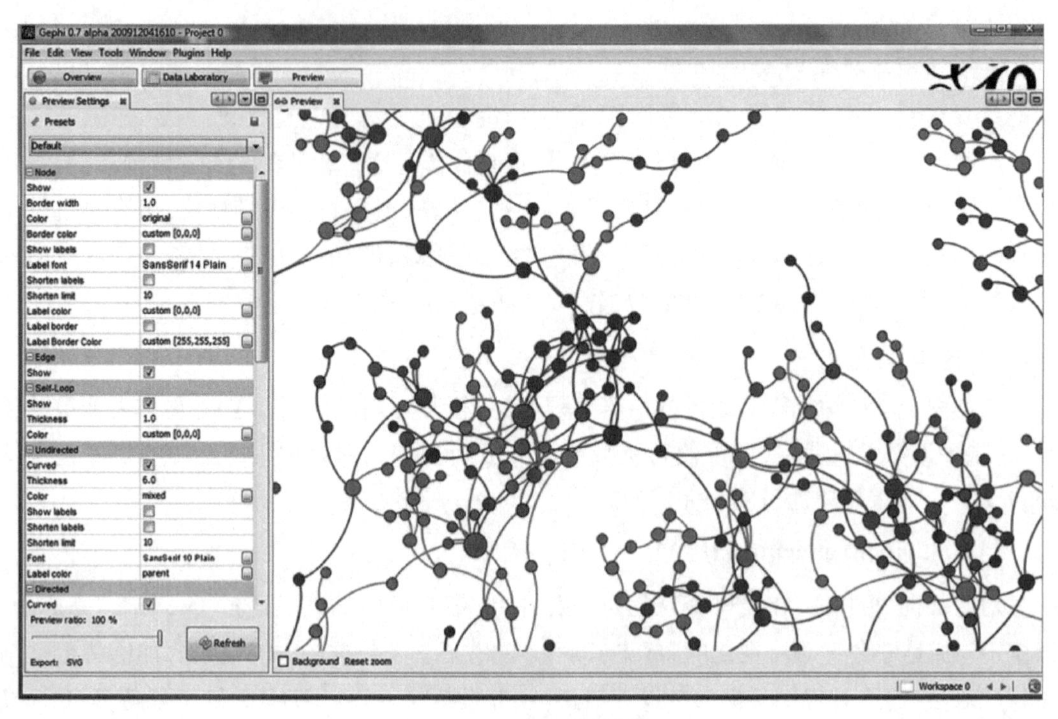


图 3-1　Gephi 软件界面

## 3.2　选择的工具

这门课程里,我们选取一种非编程的工具和一种编程的工具来实现多种可视化的案例和作品。

对于非编程的工具,本书选用 Tableau,主要是用来实现交互的、可视化的分析和仪表板应用。

对于编程类的工具,本书选用 D3. js,结合 JavaScript 和网页编程知识,掌握设计和实现灵活的基于 web 的可交互的可视化产品的过程。

## 3.3　小结

- 可视化工具可以分为非编程类和编程类两大类。
- 非编程类的工具更容易上手,但是受到限制较多。编程类的工具需要较长的学习过程,但是可以自主设计和创作可视化的产品。
- 还有大量针对不同特定目的和图表的可视化工具,起到事半功倍的效果。

扫码得第 4 章
全部彩图

# 第 4 章

# Tableau 介绍

## 学习目标

- 了解 Tableau 软件
- 能够通过一个快速上手的实验了解如何使用 Tableau

## 能力目标

- 能够通过 Tableau 完成基本的报表

## 4.1 什么是 Tableau

Tableau 是一款定位于数据可视化敏捷开发和实现的商务智能展现工具,可以用来实现交互的、可视化的分析和仪表板应用,从而帮助企业快速认识和理解数据,以应对不断变化的市场环境和挑战。数据可视化让枯燥的数据以简单友好的图表形式展现出来,是一种最为直观有效的分析方法,不需要过多的技术基础,任何企业、个人都可以学会 Tableau,并运用其对数据进行处理和展示,从而更好地进行数据分析工作。

### 功能特征

Tableau 作为轻量级可视化 BI 工具的优秀代表,在业界得到了高度赞誉。Tableau 之所以能够有如此出色的表现,在于以下几个方面的主要特性:

**1）急速高效**

传统 BI 通过 ELT 过程处理数据,数据分析往往会延迟一段时间。而 Tableau 通过内存数据引擎,不但可以直接查询外部数据库,还可以动态地从数据仓库抽取数据,实时更新连接数据,大大提高了数据访问和查询的效率。

此外,用户通过拖放数据列就可以由 VizQL 转化成查询语句,从而快速改变分析内容;单击就可以突出变亮显示,并可以随时下钻或者上卷查看数据;添加一个筛选器,创建一个组或者分层结构就可以变化一个分析角度,真正实现灵活、高效的及时分析。

**2）简单易用**

简单易用是 Tableau 的一个非常重要的特性。Tableau 提供了非常友好的可视化界面,用户通过点击鼠标和简单拖放,就可以创建出智能、精美、直观和具有很强交互性的报表和仪表盘。

**3）可连接多种数据源,轻松实现数据融合**

在很多情况下,用户想要展示的信息分散在多个数据源中,有的存在文件中,有的放在数据库服务器上。Tableau 允许从多个数据源访问数据,包括带分隔符的文本文件、Excel 文件、SQL 数据库、Oracle 数据库和多维数据库等。Tableau 也允许用户查看多个数据源,在不同的数据源之间来回切换分析,并允许用户把多个不同数据源结合起来使用。

**4）高效接口集成,具有良好可扩展性,提升数据分析能力**

Tableau 提供多种应用编程接口,包括数据提取接口、页面集成接口和高级数据分析接口等。

# 4.2　工作簿

## 4.2.1　添加数据源

用户在使用 Tableau 分析数据时，需要先连接数据源。顾名思义，数据源就是数据所在的地方。Tableau 中提供了多种添加数据源的方式（如图 4－1）。

文件数据源：

✓ Microsoft Excel

✓ 文本文件

✓ JSON 文件

✓ PDF 文件

✓ 空间文件

✓ 统计文件

服务器数据源：

✓ Microsoft SQL Server

✓ MySQL

✓ Oracle

……

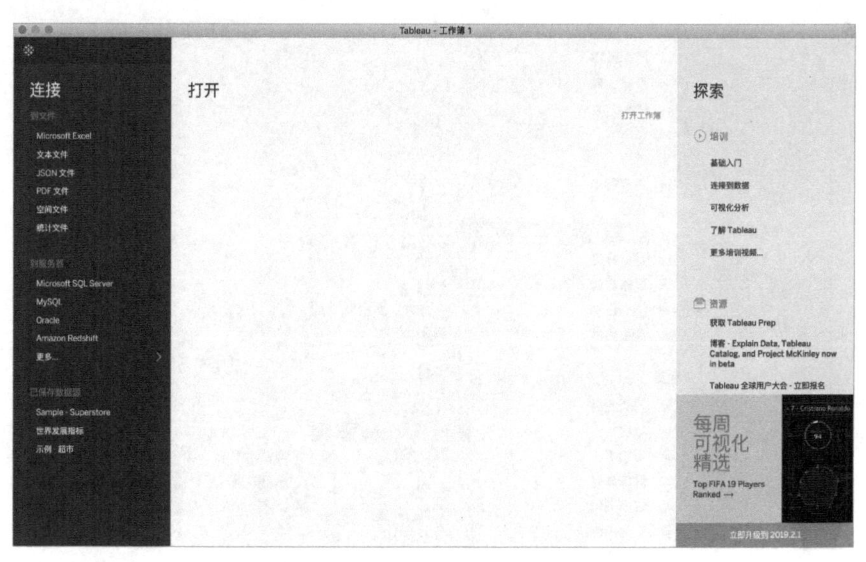


**图 4－1　Tableau 启动界面**

当然，不同版本的 Tableau 支持的数据源不同。

## 4.2.2 进入工作簿界面

与数据源建立连接后，导入表结构信息，进入工作簿界面，可以看到数据的属性被分为维度和度量两个部分（如图4-2）。

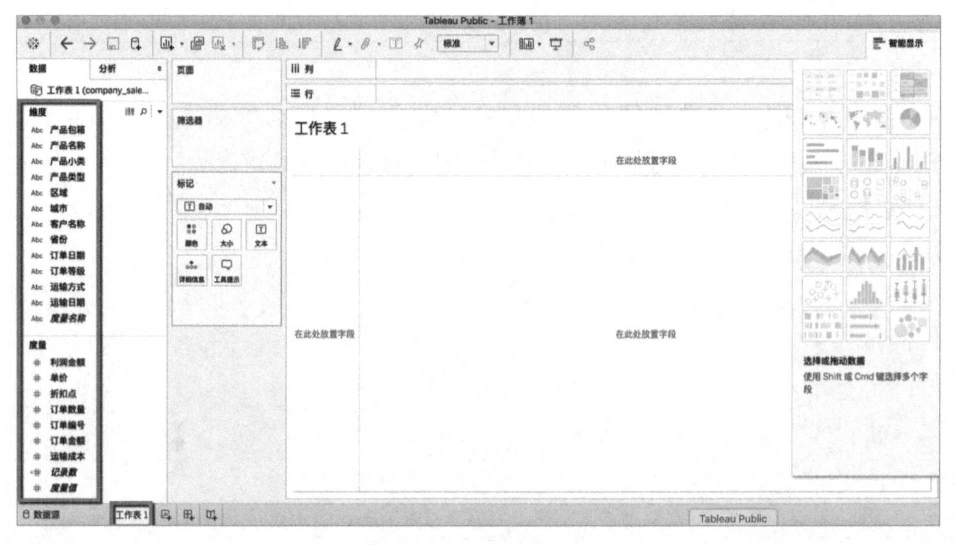


图4-2 工作簿界面

如图4-3所示，可以修改数据类型，也可以把数据拖拽到行或者列区域，完成不同类型的图表。

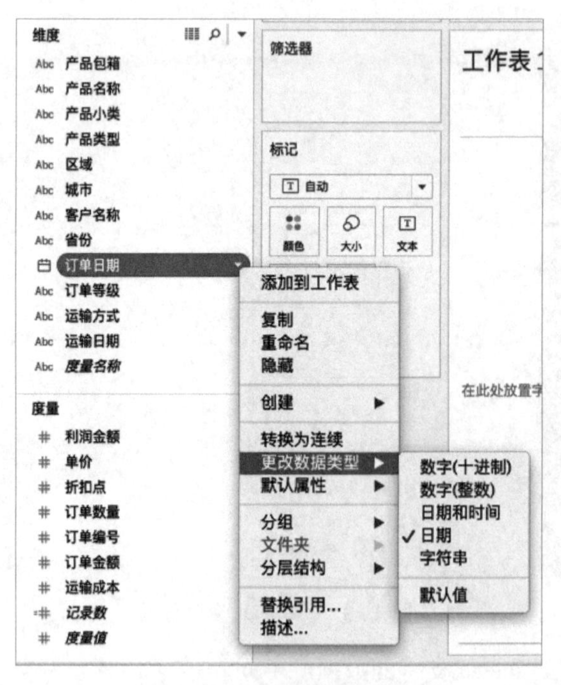


图4-3 更改数据类型

条形图如图 4－4 所示。

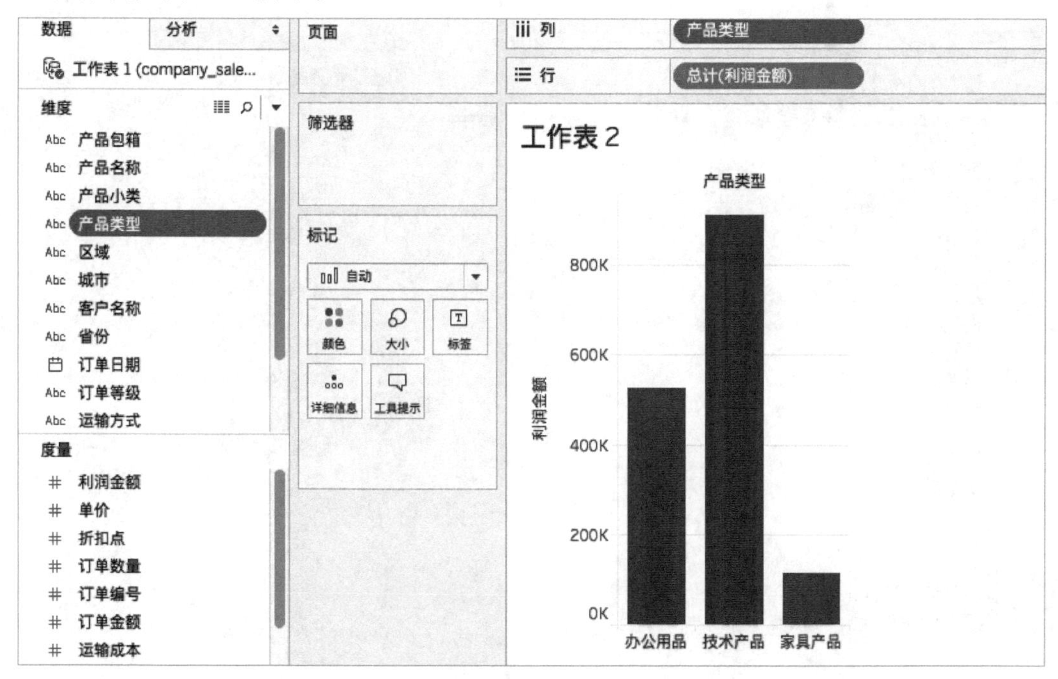


图 4－4　条形图

饼图如图 4－5 所示。

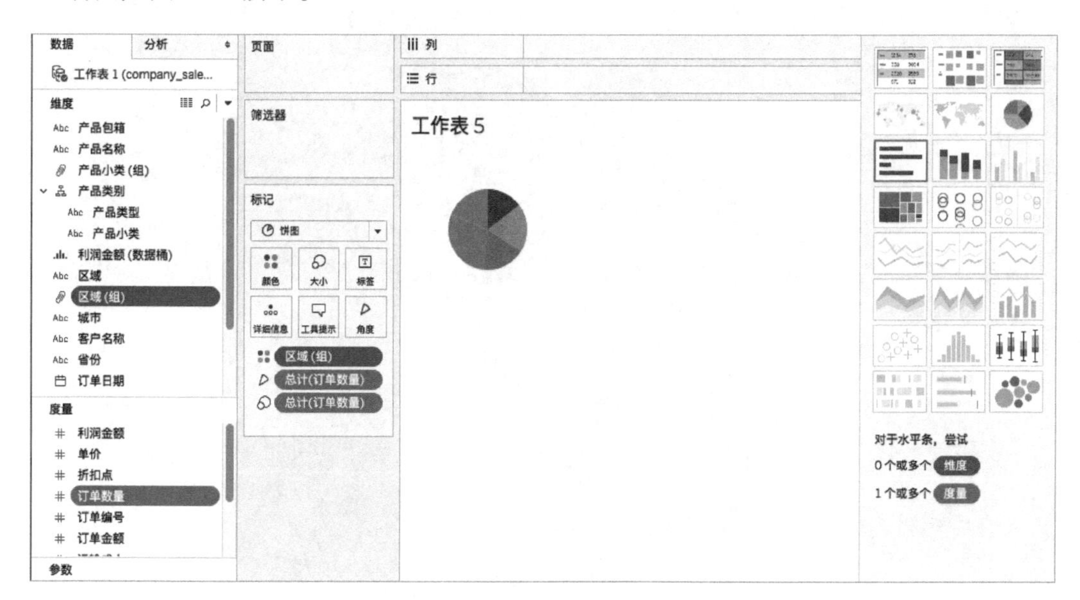


图 4－5　饼图

散点图如图 4－6 所示。

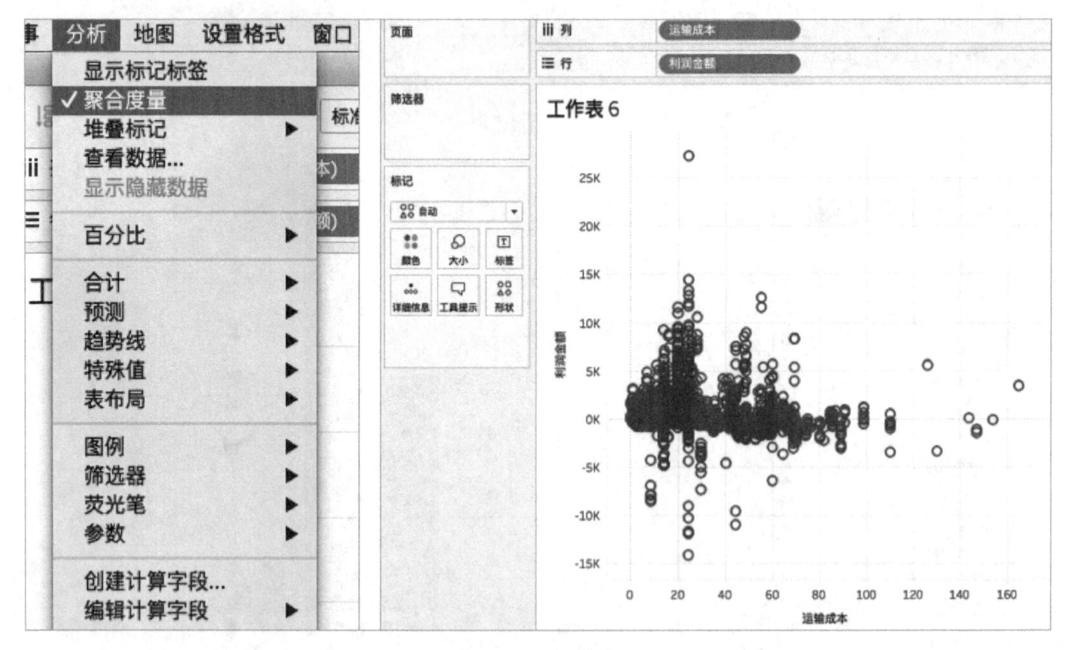


图 4－6　散点图

气泡图如图 4－7 所示。

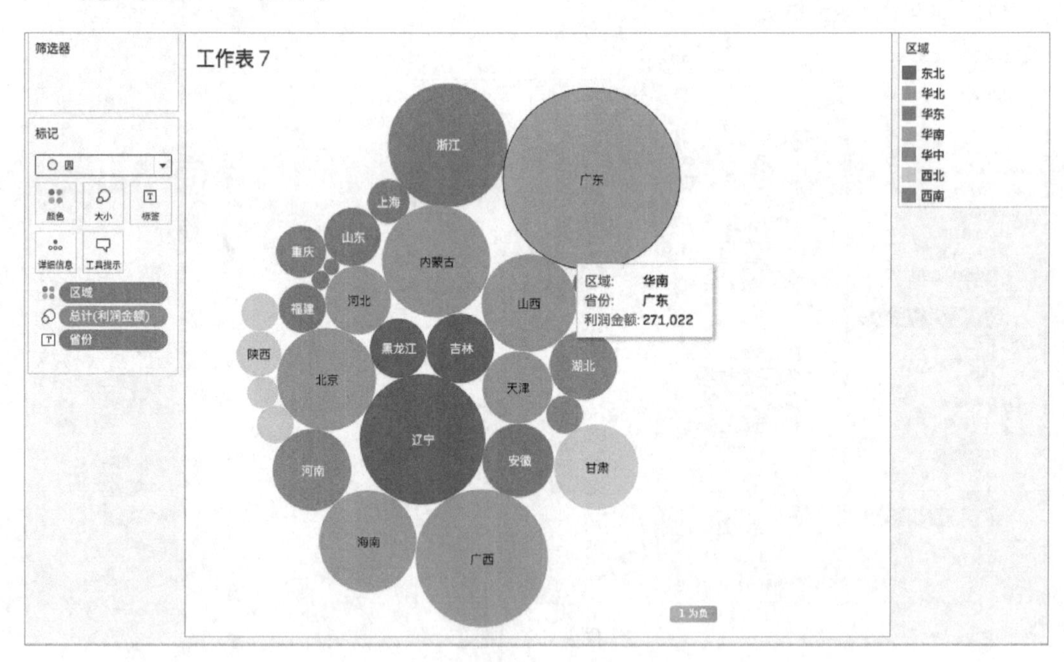


图 4－7　气泡图

## 4.3　报表制作

将上一节中创建的工作表组织到一起，成为一个动态的分析仪表盘，如图 4－8 所示。

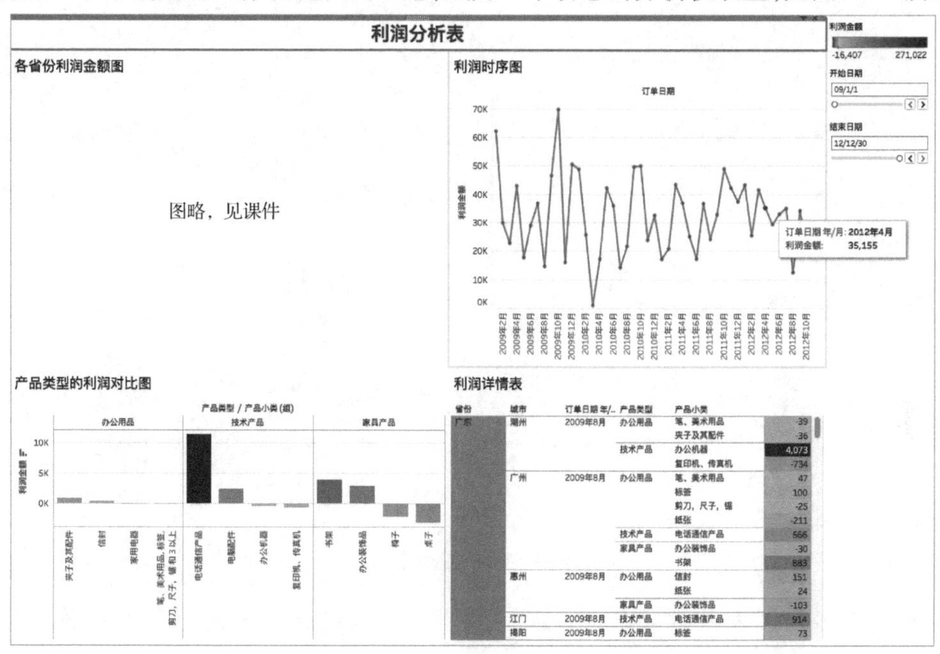


图 4－8　仪表盘

并可以创建仪表盘之间各个图表的互动和筛选，如图 4－9 所示。

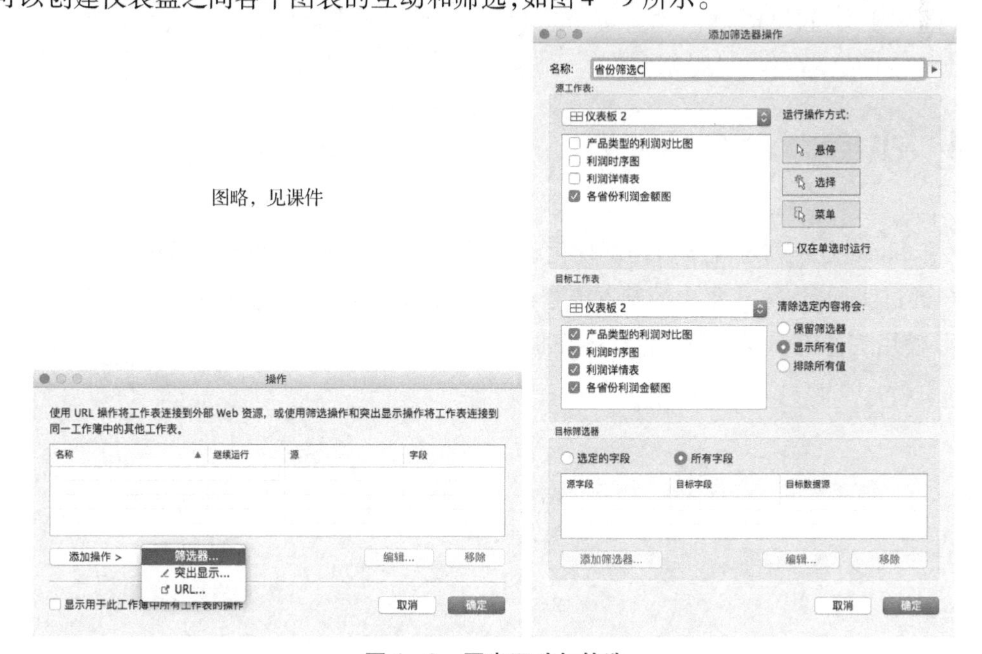


图 4－9　图表互动与筛选

可以看到,这里选择了其中一个省份,其他所有的图都会更新数据(如图 4－10)。

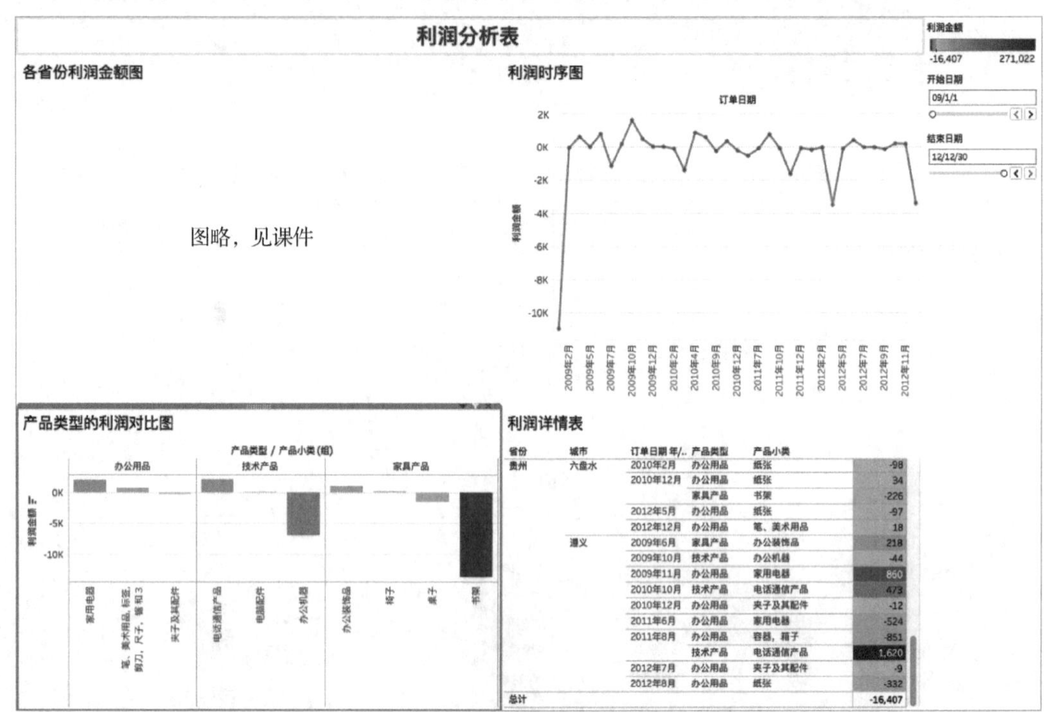


**图 4－10　图表更新**

还可以将多个仪表盘组成多个页面的故事看板。最新详细内容可以查看官网说明(Tableau 在线版):https://public. tableau. com/zh-cn/s/resources,以及官网的入门指南(Tableau 桌面版):https://help. tableau. com/current/guides/get-started-tutorial/zh-cn/get-started-tutorial-home. htm。

## 4.4　小结

- Tableau 是一款定位于数据可视化敏捷开发和实现的商务智能展现的工具。
- 通过 Tableau 完成报表的基本流程:通过连接数据源,使用数据集创作出工作表或者仪表板,使用工作表和仪表板搭建出故事板。

扫码得第5章
全部彩图

# 第5章

# D3.js介绍

## 学习目标

- 了解D3.js的基本概念
- 通过案例,了解如何通过D3.js完成一个基本图表

## 能力目标

- 能够通过D3完成简单的图形绘制

## 5.1 D3 是什么

D3 的全称是 Data-Driven Documents，从名字直译过来是“被数据驱动的文档”。听起来比较抽象，其实就是一个开源的 JavaScript 的函数库，提供了各种简单易用的函数，大大降低了 JavaScript 完成可视化操作的难度。

JavaScript 文件的后缀名通常为. js，故 D3 也常使用 D3. js 称呼。D3 提供了各种简单易用的函数，大大简化了 JavaScript 操作数据的难度，能大大减少工作量。尤其是在数据可视化方面，D3 已经将生成可视化的复杂步骤精简到了几个简单的函数，你只需要输入几个简单的数据，就能够转换为各种炫目的图形。有 JavaScript 基础的很快就可以掌握。

D3 的官网是 http://d3js. org/，在 Documentation 的链接中，可以看到官方的 API 手册，也有部分翻译过来的中文手册。在 Examples 链接中，使用 D3. js 完成的各种图形的样例，也是我们学习 D3 非常重要的资源(如图 5 - 1)。了解基本语法，从不断模仿案例中进一步理解各类 API，并灵活创建自己的图表，是学习 D3 的有效路径。

图 5 - 1　D3 官网首页

## 5.2 D3 的安装和使用

D3 类库的文件名就是 D3. js，只有一个文件，所有的对象、函数和变量都写在此文件中，因此所谓的安装就是在 <script> 中引用文件即可。

引用有两种方法。如果网络条件好，可以直接从官网引用。或是将库文件下载下来，放在本地工程目录中引用。

• 下载文件的方式

可以在官网主页上找到最新版本的下载链接,下载D3.js完整版,开发时为了方便调试,建议用D3.min.js压缩版,去掉了空格等字符,功能一样,浏览器的读取速度更快,发布时应该用此版本。将文件置于工程目录下,目录结构推荐放在独立的D3子目录中。

在实际的html文件中,通过下面的代码引入D3的库。

```
<head>
    <meta charset="UTF-8">
    <script type="text/javascript" src="js/d3.v7.min.js"></script>
</head>
```

• 网络引用

也可以直接通过网络引用D3库,这样就无须下载,很方便,但是一定要网络条件好才行。

```
<head>
    <meta charset="UTF-8">
    <script type="text/javascript" src="https://d3js.org/d3.v7.min.js">
</script>
</head>
```

• 搭建服务器

浏览器可以直接打开HTML文件,但是有些浏览器会限制JavaScript加载本地文件,因此如果不搭建服务器,使用D3的某些请求文件的函数就会出现错误。因此建议把所有的网页文件都放到Web服务器上进行测试。

搭建服务器非常简单,可以下载安装Apache HTTPServer,或是用Python命令开启简单的Http服务器。

```
Python -m SimpleHTTPServer
```

我们在本课程中采用HTML5的IDE开发工具HBuilder(官网https://dcloud.io/),可以及时查看浏览器显示,并内置了Web服务器,因此不用再搭建服务器了。

## 5.3 Hello World

多数编程语言的第一步都是在屏幕上输出“Hello World”字符串,我们也不免俗,第一个D3的程序就是将屏幕上的Hello World字符串改成Welcome D3.js的字符串,如图5-2所示。

```
<body>
    <p>Hello World</p>
    <p>Hello World</p>
</body>
<script type="text/javascript">
   d3.select("body").selectAll("p").text("welcome D3.js");
</script>
```

127.0.0.1:8020/MyDemo/MyDemo%20-%20Source/PPT_demo/PPT_Demo_

从 Firefox 导入　轻松上手　收藏到有道云笔记　常用网站　wisedu　program　onlir

welcome D3.js

welcome D3.js

**图 5－2　D3. js 首个页面**

这个例子里面就是通过 select 选择器,选择了 HTML 里面的 p 元素,并修改其中的文字为“Welcome D3. js”。

## 5.4　选择集

上面 D3 的例子中,最重要的部分就是 select 函数了。这是 D3 中用来选择 HTML 元素的函数,包括 select 和 selectAll 两种方式。

- select:返回匹配选择器中的第一个元素
- selectAll:返回匹配选择器中的所有元素

选择器是 select 和 selectAll 的参数,指定应当选择文档中的哪些元素,这里我们用的是 CSS 选择器,例如:

```
d3.select("body");                 //选择 body 元素
d3.select("#important");           //选择 id 为 important 的元素
d3.select(".content");             //选择类为 content 的第一个元素
```

如果符合选择器的元素有多个,select 只选择第一个。如果要选择所有元素,就使用 selectAll。

```
d3.selectAll("p");                 //选择所有的 p 元素
d3.selectAll(".content");          //选择类为 content 的元素
d3.selectAll("ul li");             //选择 ul 中所有的 li 元素
```

### 5.4.1　选择集

通过 D3. select 和 D3. selectAll 返回的对象称为选择集(selection),增删网页中的元素都要使用选择集。

例如,在 Hello World 的例子中,通过 text 函数,更新 p 元素里的文字。

```
selection.text("Welcome D3.js");
```

还可以通过 attr 设定和获取属性。

```
selection.attr("style","color: red; font-size: 30px;");
```

或是直接通过 style 改变样式。

```
selection.style("background-color", "#F0F0F0");
```

另外,D3 能够连续不断地调用函数,形如:

```
d3.select().selectAll().text()
```

这称为链式语法,非常方便函数的调用,如下面例 5-1 所示(生成如图 5-3)。

**【例 5-1】**　选择集属性设置。

```
<!DOCTYPE html>
<html lang="en">
<head>
    <meta charset="UTF-8">
    <script type="text/javascript" src="../d3js/d3.v7.min.js"></script>
</head>
<body>
<p>Hello World</p>
<p>Hello World</p>
</body>
<script type="text/javascript">
    var selection = d3.select("body").selectAll("p");
    selection.text("welcome D3.js");
    selection.attr("style","color: red; font-size: 30px;");
    selection.style("background-color","#F0F0F0");
</script>
</html>
```

图 5-3　例 5-1 生成界面

## 5.4.2　添加、插入和删除元素

对于选择集，可以添加、插入和删除元素，相关函数包括以下几类：

append(name)是在选择集的末尾添加一个元素，那么在 body 元素内的尾部添加 p 元素为：

```
body.append("p").text("Green");
```

insert(name[,before])是在选择集中的指定位置前插入一个元素，name 是被插入的元素的名称，before 是 CSS 选择器的名称。

```
body.insert("p","#second").text("Grey");
```

remove 是删除选择集中的元素。

如下面例 5-2 所示（生成如图 5-4）。

**【例 5-2】**　选择集中添加、插入和删除元素。

```
<!DOCTYPE html>
<html lang="en">
<head>
    <meta charset="UTF-8">
    <script type="text/javascript" src="../d3js/d3.v7.min.js"></script>
</head>
<body>
<p>Red</p>
<p id="second">Yellow</p>
<p class="third">Blue</p>
</body>
<script type="text/javascript">
    var body = d3.select("body");
```

```
    var p1 = body.select("p").style("color","red");
    var p2 = body.select("#second").style("color","yellow");
    var p3 = body.select(".third").style("color","blue");
    body.append("p").text("Green")
        .style("color","green");
    body.insert("p","#second").text("Grey")
        .style("color","grey");
    //p3.remove();
</script>
</html>
```

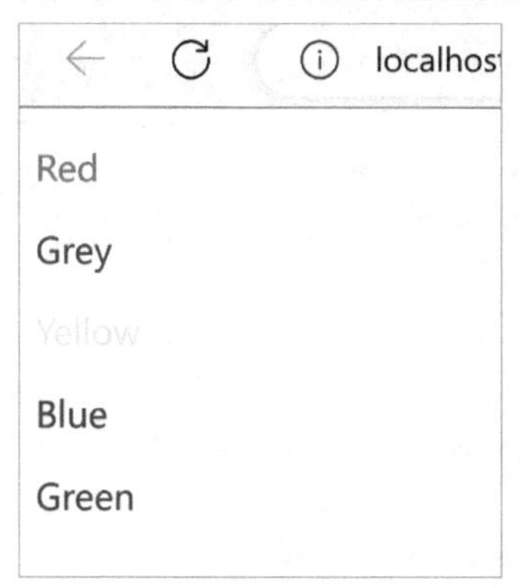


图5-4 例5-2生成界面

## 5.4.3 数据绑定

数据绑定到DOM上，是D3最大的特色，通过select或是selectAll返回元素的数据集，本来是没有数据的，通过数据绑定，就是要使选择元素里包含数据，相关的函数包括：

```
selection.datum([value])
```

选择集中的每一个元素都绑定相同的数据value：

```
selection.data([values[,key]])
```

选择集中的每一个元素分别绑定数组values中的每一项，key是键值函数，用于绑定时确定的对应规则。

下面的例5-3中，我们使用datum把数值10绑定到选择集中，然后在控制台输出该选择集，可以看到3个p元素中都增加了_data_的属性，都是数值10。然后通过匿名函数function(d,i)，代入数据(datum)和索引(index)获得这个数据，可以看到显示结果。

**【例5-3】** 数值绑定到选择集(如图5-5)。

```
<!DOCTYPE html>
<html lang="en">
```

```
<head>
    <meta charset="UTF-8">
    <script type="text/javascript" src="../d3js/d3.v7.min.js"></script>
</head>
<body>
<p>Red</p>
<p id="second">Yellow</p>
<p class="third">Blue</p>
</body>
<script type="text/javascript">
   var data=[1,2,3];
   var p=d3.select("body").selectAll("p");
   p.datum(data);
   p.text(function(d,i) {
       return "element"+i+"bind data"+d;})
</script>
</html>
```

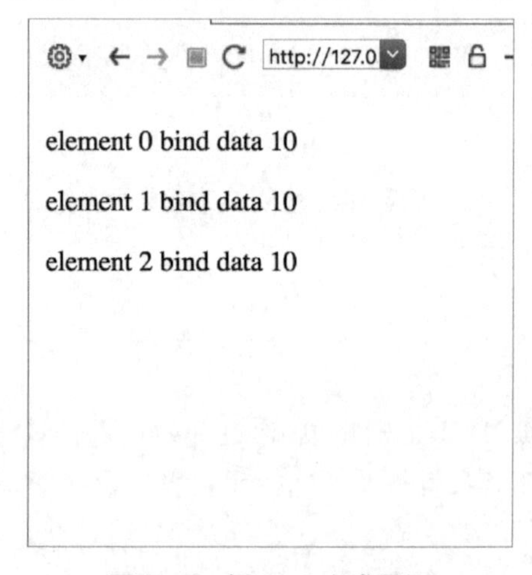


**图 5-5　例 5-3 生成界面**

例 5-4 中,我们用 data 来绑定数组各项到数据集的各个元素中,可以用匿名函数获取数据。

**【例 5-4】**　绑定数组各项到数据集的各个元素(如图 5-6)。

```
<script type="text/javascript">
   var data=[1,2,3];
   var p=d3.select("body").selectAll("p");
   p.data(data);
   p.text(function(d,i) {
       return "element"+i+"bind data"+d;})
</script>
```

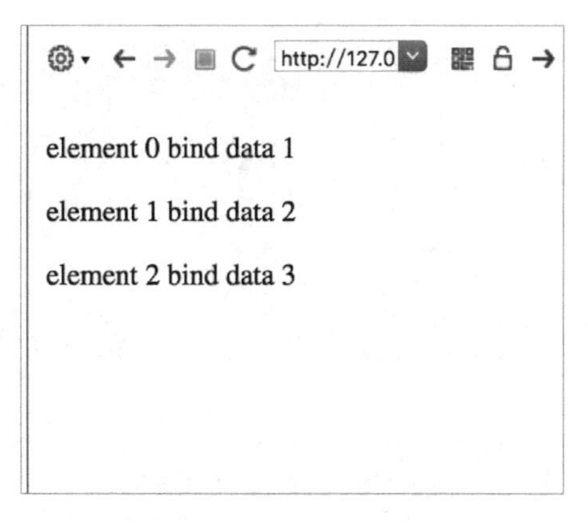


图5-6 例5-4生成界面

如果数组长度和元素不同,那么会用三个部分处理,包括:

update:数组长度 = 元素数量

enter:数组长度 > 元素数量

exit:数组长度 < 元素数量

例如,如果数组为[3,6,9,12,15],将此数组绑定到三个 p 元素的选择集上,那么会有两个数据没有元素与之对应,这时候 D3 会建立两个空的元素与数据对应,这一部分就称为 enter。而有元素与数据对应的部分称为 update。如果数组为[3],则会有两个元素没有数据绑定,那么没有数据绑定的部分被称为 exit。

如例5-5所示,其中 update 中绑定的数据是3,6,9,而 enter 中绑定的数据是12,15。通常情况下,对 enter 的处理办法就是添加元素,例如上例中,附加了段落"p"元素,然后增加的 text 文字。

**【例5-5】** 数组与元素绑定中的 update 和 enter(如图5-7)。

```
<body>
<p></p>
<p></p>
<p></p>
</body>
<script type="text/javascript">
    var dataset=[3,6,9,12,15];
    var p=d3.select("body").selectAll("p");
    var update=p.data(dataset);
    var enter=update.enter();
    update.text(function(d) {return "update"+d;});
    enter.append("p").text(function(d) {return "enter"+d;});
</script>
```

类似地,例5-6中元素的数量超过数组的数量,通过 exit 获取多余的元素。通常的情况下会删除 exit 的元素,这里为了显示进行了保留。

http://127.0

update3

update6

update9

enter12

enter15

图 5-7　例 5-5 生成界面

【例 5-6】 数组与元素绑定中的 exit(如图 5-8)。

```
<body>
<p>3</p>
<p>6</p>
<p>9</p>
<p>9</p>
<p>9</p>
<p>9</p>
</body>
<script type="text/javascript">
   var p=d3.select("body").selectAll("p");
   dataset2=[4,8,10];
   var update1=p.data(dataset2);
   var exit=update1.exit();
   update1.text(function(d) {return "update"+d;});
   exit.text(function() {
       return "exit";
   });
   //exit.remove();
</script>
```

图 5-8　例 5-6 生成界面

# 5.5　SVG 画布

因为 D3 绘图是通过 SVG 在浏览器上实现的,这里我们再介绍一下 SVG 的基本知识。SVG(Scalable Vector Graphics)指可缩放矢量图形,是用于描述二维矢量图形的一种图形格式,是由万维网联盟制定的开放标准。SVG 使用 XML 格式来定义图形。

## 5.5.1　位图和矢量图

位图(bitmap)是由像素组成的,每个像素点有自身的颜色,并以一定的排列构成图像。对于需要编写丰富色彩的图像,位图很合适。但是如果将图像放大,需要产生新的像素,新像素是根据原始像素进行计算获得的,容易失真。

矢量图(vector graphics)是由线段和曲线组成的,因此,矢量图可以做到文件非常小,缩放、旋转和改变形状等都不会失真,线条颜色非常平滑,锯齿不明显。但是矢量图是用数学方法描述的图,并不适合表现自然度高、复杂多变的图,例如照片之类的。

可视化的图表绝大多数是由数学方法描述的,因此适合用矢量图绘制。

需要注意的是,SVG 中的 $x$ 轴方向是从左向右,$y$ 轴的方向是从上到下的,和我们在图表中的坐标轴不同,绘制的时候要特别注意 $y$ 轴的方向,如图 5－9 所示。

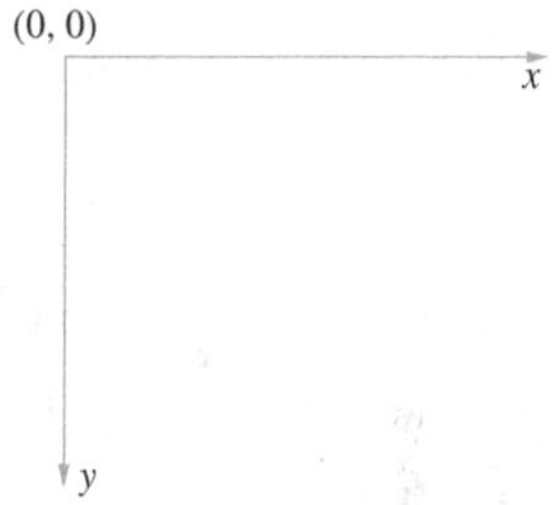

(0, 0)
x
y

图 5－9　SVG 坐标轴

## 5.5.2　图形元素

使用 SVG 中的图形元素,可以在 HTML 中嵌入,也可以直接用文件名.svg 来使用。这里我们通常用嵌入的方法,增加 < svg > 的标签。

```
<svg width = "400" height = "400" version = "1.1" xmlns = "http://www.w3.org/
2000/svg">
</svg>
```

其中,width 和 height 分别表示绘制区域的宽度和高度,version 代表版本号,Xmlns 代表命名空间。需要绘制的图形要添加到这一组 SVG 中。常用元素有 rect(矩形)、circle(圆)、ellipse(椭圆)、line(线)、ployline(折线)、polygon(多边形)、path(路径)、text(文字)等。这些元素各有不同的参数,但是也有一些共同的属性,比如颜色等。

矩形、圆形、椭圆形有类似的属性。对于矩形,$x$,$y$ 代表矩阵左上角的 $x$,$y$ 坐标,width 和 height 代表矩形的宽度和高度,$rx$,$ry$ 代表圆角矩阵的半径。对于圆形和椭圆,$cx$,$cy$ 代表圆

心的 $x$,$y$ 坐标,$r$ 代表圆半径,$rx$,$ry$ 代表椭圆的水平和垂直半径。如下所示(生成如图 5-10):

```
<body>
<p>常用元素有 rect(矩形),circle(圆),ellipse(椭圆),line(线),折线(ployline),
多边形(poly)</p>
<svg width="400" height="480" version=1.1" xmlns=http://www.w3,rg/2880/
svg">
    <rect x="10" y="10" width="50"height="50"
        stroke="black" fill="steelblue" stroke-width="2"></rect>
    <rect x="80" y="10" rx="10" ry="10" width="50" height="50"
        stroke="black" fill="steelblue" stroke-width="2"></rect>
    <circle cx="35" cy="105" r="25"
        stroke="black" fill="red" stroke-width="2"> </circle>
    <ellipse cx="105" cy="105" rx="15" ry="25"
        stroke="black" fill="red" stroke-width="2"></ellipse>
</svg>
</body>
```

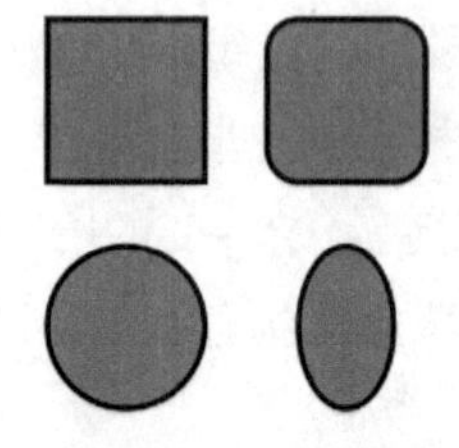

图 5-10　如上操作生成的矩形、圆、椭圆

线形是通过 $x1$、$y1$ 为坐标起点到 $x2$、$y2$ 为坐标终点绘制的线段。多边形和折线的参数一样,都是 points 参数,这个参数的值是一系列的点坐标,不同之处是多边形会把终点和起点连接起来变成一个封闭的图形,而折线不连接。如下所示(生成如图 5-11):

```
<polyline points="90 150 115 200 140 150 165 200"
        stroke="orange" fill="grey" stroke-width="5"></polyline>
<polygon points="185 150 210 200 235 150 260 200"
        stroke="green" fill="grey" stroke-width="5"></polygon>
```

图 5-11　如上操作生成的线形

最灵活的标签是 path 路径,与折线类似,也是通过给出一系列的点坐标完成的。但是会在每个坐标点之前添加一个英文字母,表示如何运动到此坐标点的,包括 M、L、H、V、C、S、Q、T、A、Z 等等。其中例子中的 M 代表画笔移动到指定坐标,Q 代表画二次贝塞尔曲线,T 代表绘制对称的贝塞尔曲线。在实际使用中,我们再进一步解释。

最后一种是文字,其中 $x$、$y$ 是文字位置的坐标,d$x$、d$y$ 是对当前位置的平移,textlength 是

文字的显示长度,rotate 是旋转角度。如下所示(生成如图 5 - 12):

```
<path d = "M10,230 Q40,200 50,230 T90,230"
      fill = "none" stroke = "blue" stroke-width = "5" > </path >
<text x = "10" y = "300" dx = "5" dy = "5" stroke = "red"
      fill = "transparent" stroke-width = "2" font-size = "50px" >
   D3.js </text >
```

**图 5 - 12　如上操作生成的曲线、文字**

## 5.6　基本的条形图

我们根据已有的知识,已经可以完成一个基本的条形图了(如图 5 - 13)。

首先我们准备一个 SVG 画布。

```
var width = 600;
var height = 300;

var svg = d3.select("body")
        .append("svg")
        .attr("width",width)
        .attr("height",height);
```

为一个简单的数组绘制条形图。

```
vardataset = [240,150,200,250,130,90];
```

加载数据,并根据数据对应条形图的宽度。

```
var rectHeight = 25;
svg.selectAll("rect")
    .data(dataset)
    .enter()
    .append("rect")
    .attr("x",20)
    .attr("y",function(d,i){
        return i* rectHeight;
    })
    .attr("width",function(d){
        return d;
```

```
    })
    .attr("height",rectHeight -2)
    .attr("class","rect-bar");
```

增加文字说明数据。

```
svg .selectAll("text")
    .data(dataset)
    .enter()
    .append("text")
    .text(function(d){return d;})
    .attr("x",function(d){
        return 20 + d;
    })
    .attr("y",function(d,i){
        return i* rectHeight + rectHeight - 2;
    })
    .attr("text-anchor","start");
```

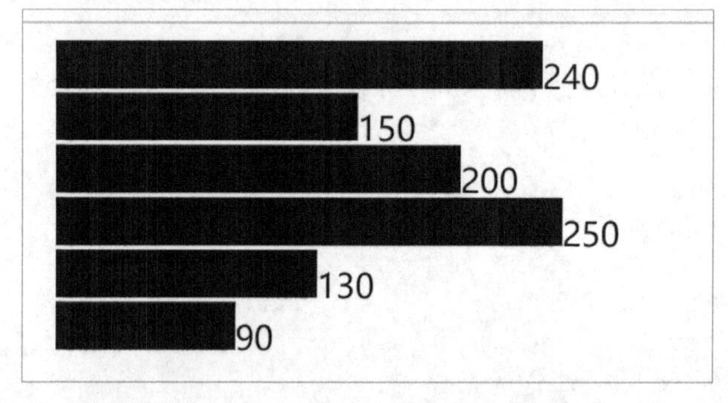


图 5-13　如上操作生成的条形图

## 5.7　小结

- D3 是开源的 JavaScript 库,能大大减少进行可视化的工作。
- 通过下载 D3 的库文件,并在 html 中进行引用,就可以使用 D3 了。
- D3 对 html 的元素进行多种选择方式,并可以添加、插入和删除元素。
- D3 通过 update、enter、exit 的方式来绑定数据。
- SVG 指矢量图,可以无损放大或缩小。
- SVG 中有矩形、圆形、椭圆形、线、折线、多边形、路径等多种图形元素。
- SVG 中也有文字元素。
- 通过 D3 加载数据,绘制 SVG 图形元素就可以完成基本的图表绘制。

扫码得第 6 章
全部彩图

# 第 6 章
# 图表选择

## 学习目标

- 理解图表选择的方式方法
- 了解常用的图表
- 了解不同相互关系下的图表表达方式
- 了解特定的数据和关系下的图表

## 能力目标

- 能够知道多种图表的形式
- 能够为特定的数据和相互关系选择合适的图表
- 能够辨别图表设计的优缺点

## 6.1 图表选择的原则

通过学习相关数据和视觉编码的知识，我们已经知道如何将数据分类，如何选择合适的视觉编码方式对应于不同的数据类型。同时，我们也了解到除了时间编码元素外，还要有不同的坐标系、标尺和背景信息才能组成一个完整的图表。

这一部分我们就进一步探讨如何选择图表。

可视化图表本质上是表达数据的一种方法，因此我们首先要了解数据，数据除了数据类型之外，还包括数据的维度和不同维度之间的相互关系。然后采用合适的视觉编码，选择合适的图表类型，如图 6-1 所示。例如，我们写文章时，会用各种不同词性的词语来组织句子和叙述故事，我们学过的视觉编码可以理解为图表的名词、动词和形容词。在句子中，每个词起到不同的作用，而图表中的视觉编码也尽可能高效地表现数据的某个特定部分。维基百科将图表定义为数据的图形表现方式，就是指用各种视觉编码表现数据的类型和相互之间的关系。

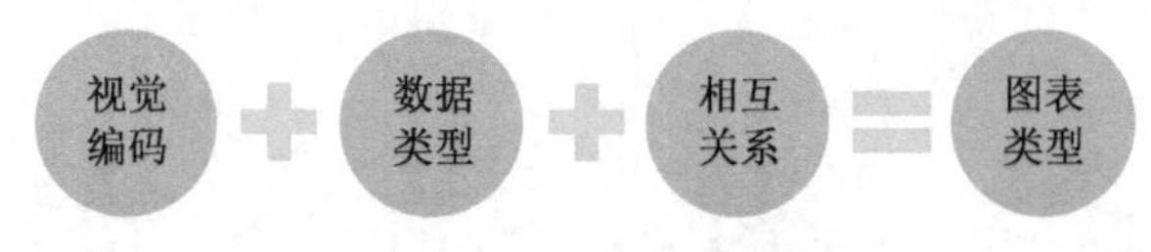


**图 6-1　图表类型要素**

这一章中介绍整合视觉编码的一些通用模型和惯例。正如词语组成句子可以有无数种可能，但是有意义的表达的方式是有限的，人们常用的语法更是有限的，遵循一定语法规则的句子才能够被大多数人理解。类似的是，关于视觉化和图表也有一些规则限制，称之为图形语法。

## 6.2 常见的图表类型和选择

图 6-2 是广为流传的由 Andrew Abela 创建的图表选择的流程图，列举了常见的图表类型和选取路径，可以作为图表类型选择的参考。

首先是考虑数据关系的展示。例如，需要考察数据的相关性，如果是两维数据，就可以用散点图，如果是三维就可以用气泡图。对数据进行对比时，如果是基于分类的对比，可以用簇型柱状图，或是对比条形图。如果是基于时间的比较，可以用线形图表现非周期时序，也可以通过星形图表现周期的时序数据。

如果是了解数据的分布，对于单个变量，可以用直方图来体现，对于多个变量也可以用散点图来体现。如果是了解部分与整体的关系，可以用饼图或堆积柱状图。也可以通过百分比面积图了解随着时间变化的各个局部的组成变化。

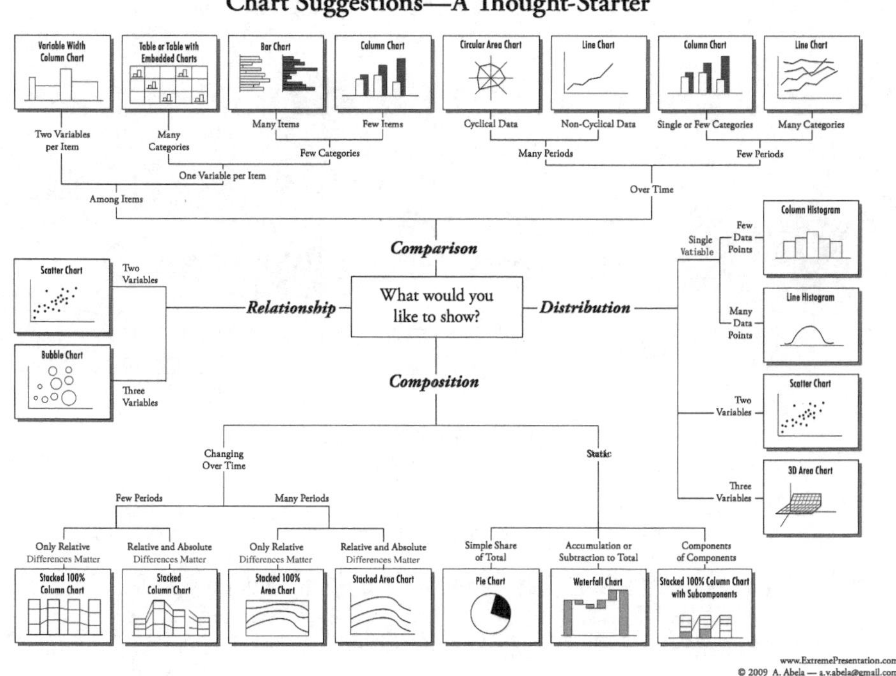


图 6－2　图表选择流程

这些只是一部分的图表形式，我们下面进一步了解各种关系下的图表形式及其说明。

## 6.3　常见的图表类

图表的种类非常多。近年来，随着大数据的发展，人们不断设计出新的图表类型。但是最常用的还是传统的图表类型，应能够正确地设计和使用它们。

### 6.3.1　柱状图（column chart, bar chart）

典型的柱状图（又名条形图）使用垂直或水平的柱子显示类别之间的数值比较。其中一个轴表示需要对比的分类维度数据，另一个轴代表相应的数值数据。柱状图描述的是分类数据，体现的是每一个分类中的数值，例如不同类型产品的销量比较、不同区域的流量比较等。

柱状图分为纵向柱状图和横向柱状图，如图 6－3 所示。

- 适合的数据：列表中包含一个分类数据字段和一个数值数据字段；
- 功能：对比分类数据的数值大小；
- 数据和视觉编码的对应关系：分类数据字段映射到横轴或是纵轴的位置，连续数据字段映射到矩形的长度，分类数据也可以设置颜色增强分类的区分度；

• 适合的数据条数：纵向柱状图最好不超过 12 条数据，横向柱状图最好不超过 30 条数据。

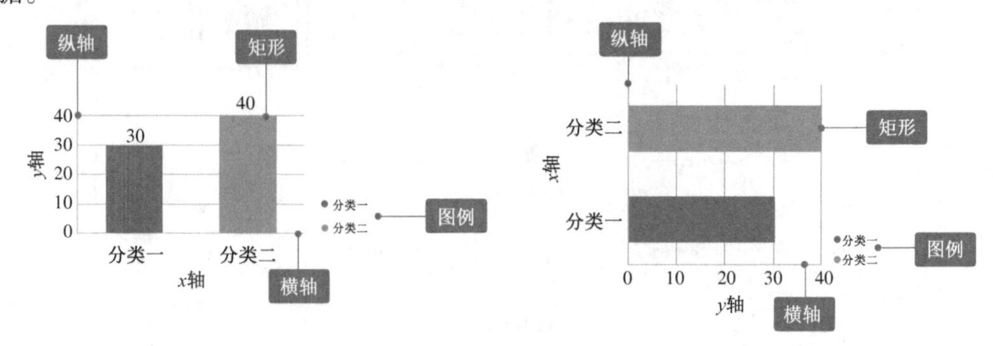


图 6－3　柱状图组成

注意点：

• 如果分类太多，不适合纵向柱状图，例如全国部分省份的人口对比，纵向太长的情况下不适合阅读，横向柱状图更能够适应此类分类较多的场景，如图 6－4 所示。

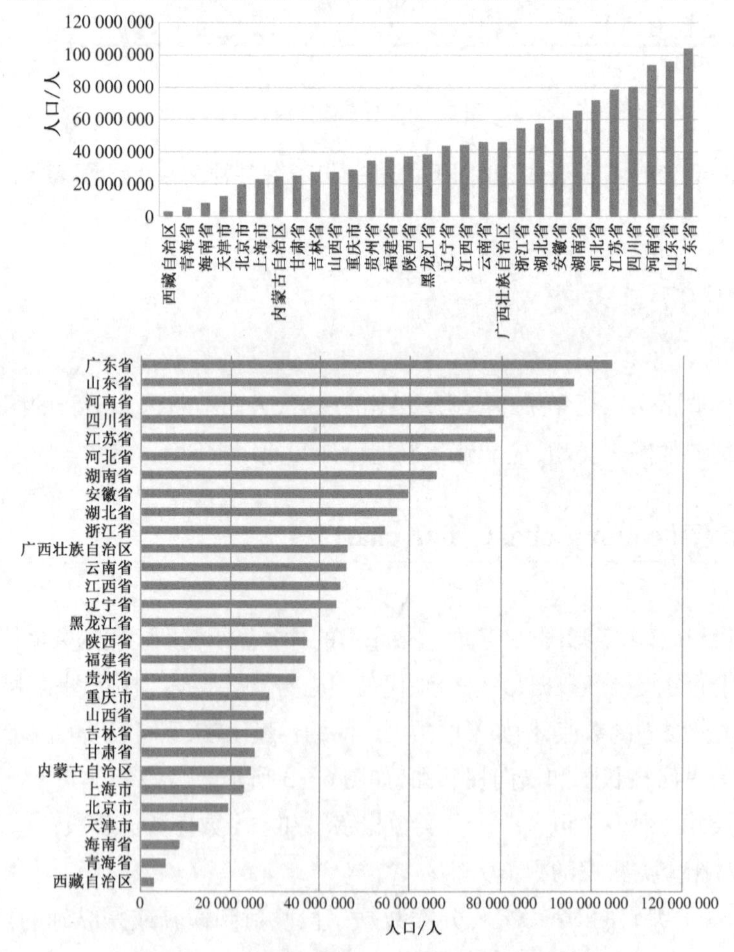


图 6－4　我国部分省份人口对比柱状图示例

- 不适合表示连续数值的趋势，用线图或是面积图可更好地表达，如图6－5所示。

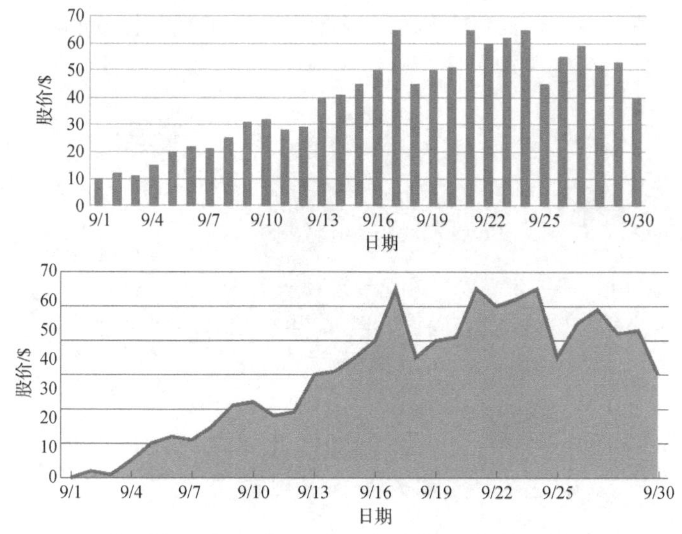


图6－5　价格变化柱状图与折线图示例

- 可以增加柱子的颜色饱和度，作为数值的冗余编码，可以突出信息，如图6－6所示。

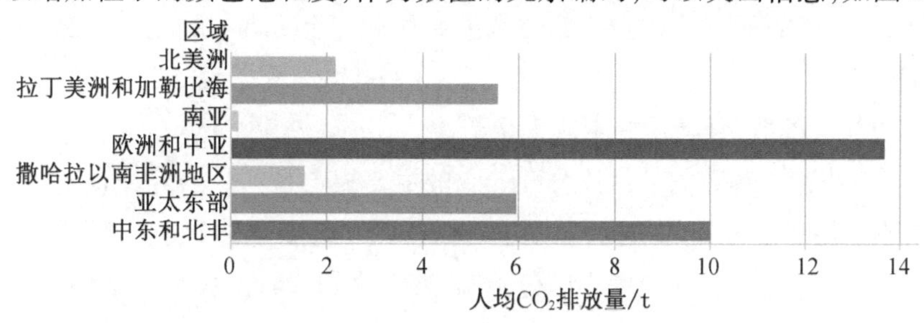


图6－6　柱状图增加颜色饱和度示例

- 使用堆积柱状图，或是并排柱状图，把关联数据进行并列显示，能够深化分析，如图6－7所示。

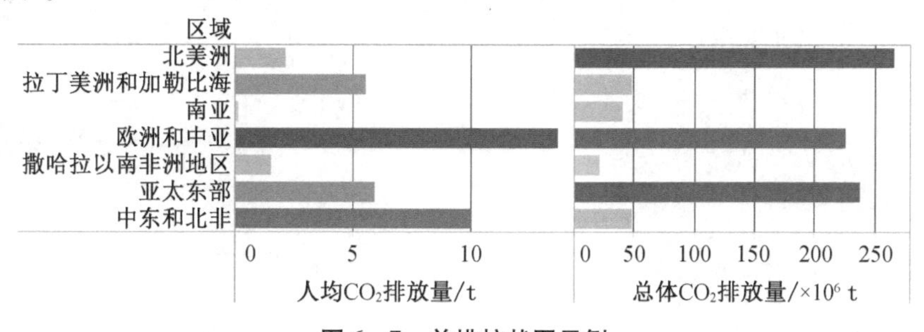


图6－7　并排柱状图示例

## 6.3.2　饼图(pie chart)

饼图主要用于表示不同分类的占比情况，通过角度大小来完成视觉编码。饼图通过将一个圆饼按照分类的占比划分成多个区块，整个圆饼代表数据的总量，每个区块（圆弧）表示该分类占总体的比例大小，所有区块（圆弧）相加等于100%，如图6-8所示。

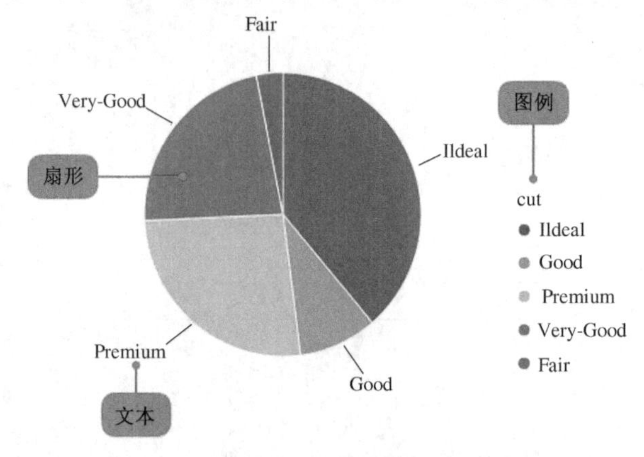


**图6-8 饼图组成**

- 适合的数据：列表中包含一个分类数据字段和一个数值数据字段；
- 功能：对比分类数据的数值大小；
- 数据和视觉编码的对应关系：分类数据字段映射到扇形的颜色；连续数据字段映射到扇形的面积；
- 适合的数据条数：分类最好不多于9个。

饼图让读者快速了解数据的占比分配。它的主要缺点是：

- 饼图不适用于多分类的数据，原则上一张饼图不可多于9个分类，因为随着分类的增多，每个切片就会变小，最后导致大小区分不明显，每个切片看上去都差不多大小，这样对于数据的对比是没有什么意义的。所以饼图不适合用于数据量大且分类很多的场景（如图6-9）。

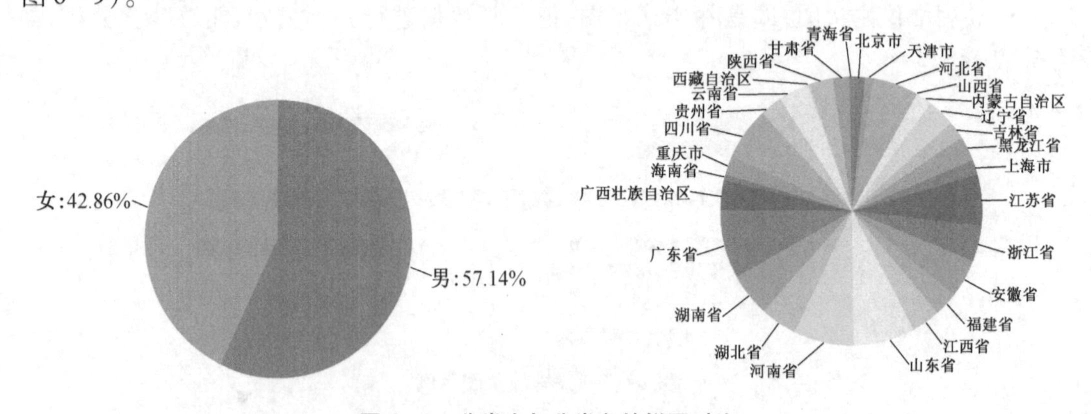


**图6-9 分类少与分类多的饼图对比**

- 分类占比差别不明显的场景下，每个扇形大小的差别很难看出来，因此并不适合用饼图，可以用具备同样功能的其他图表（比如柱状图，或是百分比柱状图）来体现（如图6-10）。

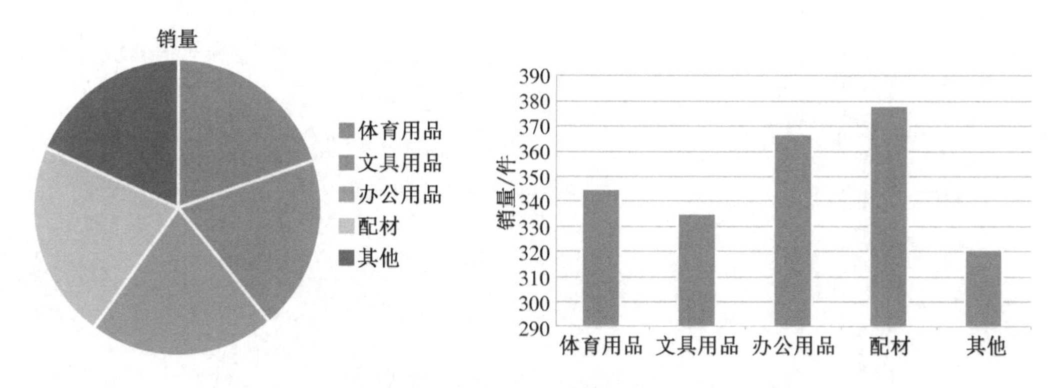


图 6－10　分类占比差别不明显的饼图与柱状图对比示例

## 6.3.3　折线图(line chart)

折线图用于显示数据在一个连续的时间间隔或者时间跨度上的变化,它的特点是反映事物随时间或有序类别而变化的趋势。

在折线图中,数据是递增还是递减、增减的速率、增减的规律(周期性、螺旋性等)、峰值等特征都可以清晰地反映出来。所以,折线图常用来分析数据随时间的变化趋势,也可用来分析多组数据随时间变化的相互作用和相互影响。例如可用来分析某类商品或是某几类相关的商品随时间变化的销售情况,从而进一步预测未来的销售情况。在折线图中,一般水平轴($x$ 轴)用来表示时间的推移,并且间隔相同,而垂直轴($y$ 轴)代表不同时刻的数据的大小,如图 6－11 所示。

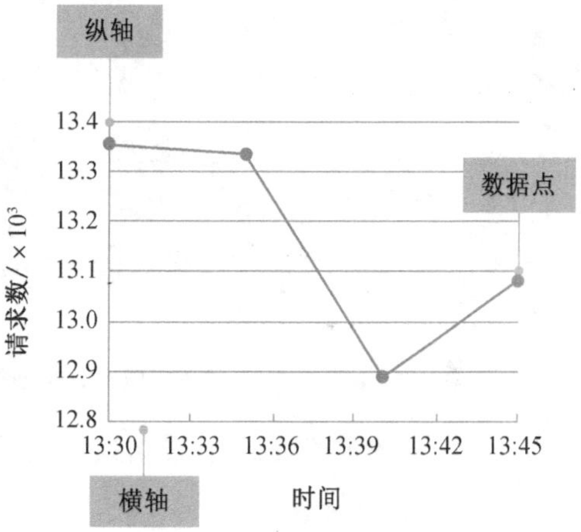

图 6－11　折线图组成

- 适合的数据:列表中包含两个数值数据字段,或是一个有序数据和一个数值数据字段;
- 功能:观察数据的变化趋势;
- 数据和视觉编码的对应关系:两个数值数据对应于横轴或是纵轴的位置;
- 适合的数据条数:单条线的数据记录数要大于 2,但是同一个图上不要超过 5 条折线。

折线图的使用注意事项:

- 折线图适合的场景是水平轴映射的是有序数据,而不是无序的分类数据,否则应该用柱状图。例如对不同类型的产品的销量进行对比的时候,柱状图比折线图更合适(如图 6－12)。

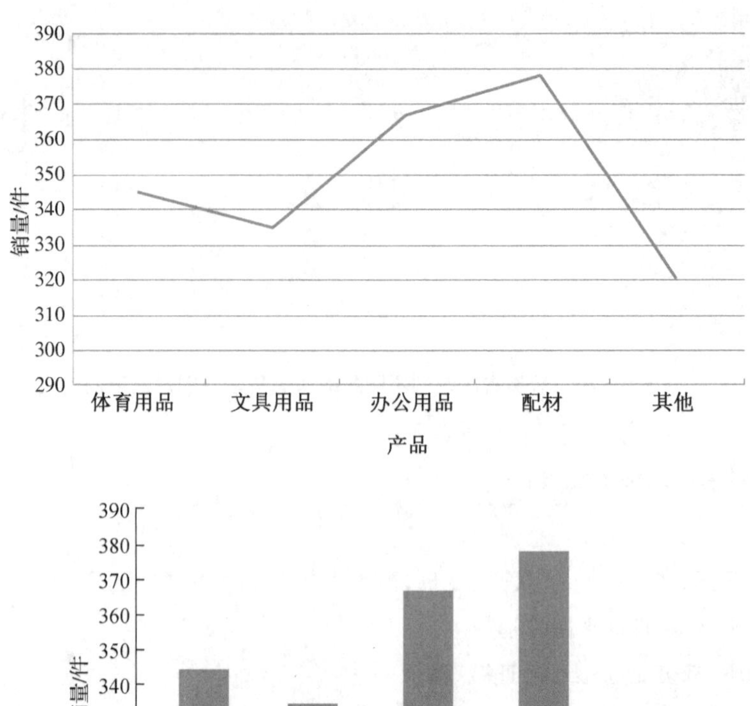


图 6-12　分类数据的折线图与柱状图对比示例

- 为了视觉美观，折线图可以转换成平滑曲线（如图 6-13）。

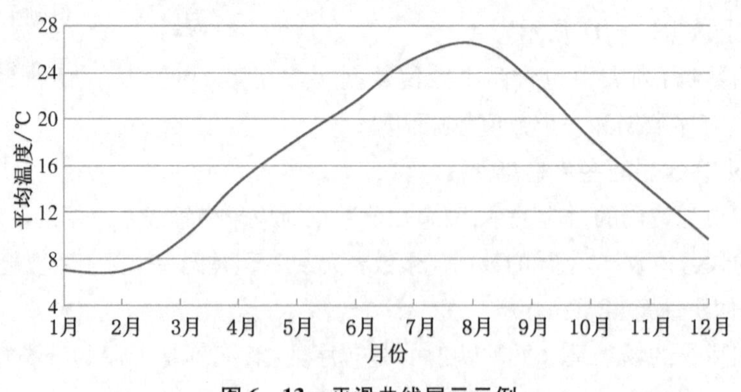


图 6-13　平滑曲线展示示例

折线图和面积图都可以表示一段时间（或是有序分类）的趋势，但是相比之下，面积图的表现力更强一些。

## 6.3.4　面积图(area graph)

面积图又叫区域图,它是在折线图的基础之上形成的,它将折线图中折线与自变量坐标轴之间的区域使用颜色或者纹理填充,这样一个填充区域就叫作面积。颜色的填充可以更好地突出趋势信息。需要注意的是,颜色要带有一定的透明度,透明度可以很好地帮助使用者观察不同序列之间的重叠关系,没有透明度的面积会导致不同序列之间相互遮盖,减少可以被观察到的信息(如图 6 - 14)。

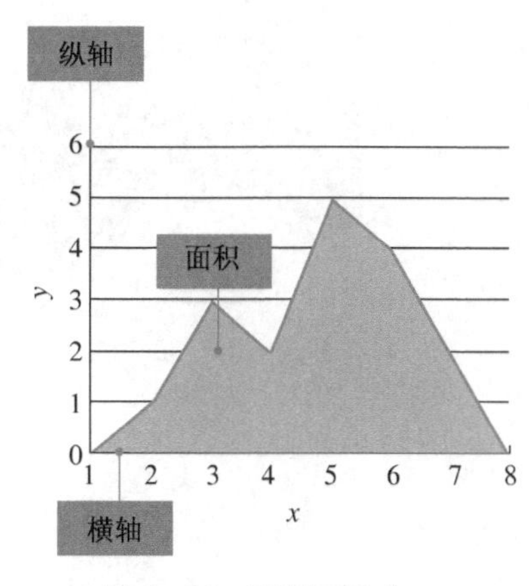


图 6 - 14　面积图组成

和折线图一样,面积图也用于强调数量随时间而变化的程度,也可用于引起人们对总值趋势的注意。它们最常用于表现趋势和关系,而不是传达特定的值。

- 适合的数据:列表中包含两个数值数据字段;
- 功能:观察数据的变化趋势;
- 数据和视觉编码的对应关系:两个数值数据对应于横轴或是纵轴的位置;
- 适合的数据条数:大于 2 条。

面积图的应用场景:

- 展示时间维度上的变化,或是有序数据上的变化趋势。
- 可以通过半透明的颜色包含多组数据,并显示负值。例如,图 6 - 15 为某公司在三个城市 1996 年到 2015 年的收益情况,可以清楚地显示盈亏情况。

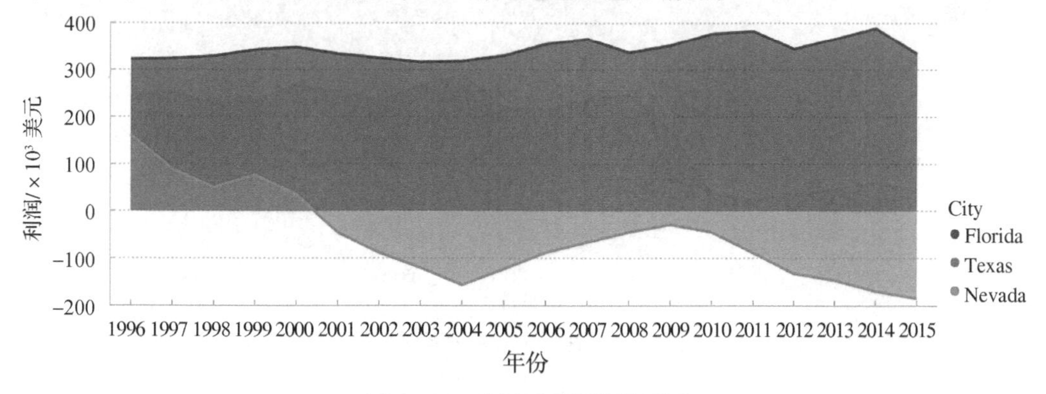


图 6 - 15　公司盈亏面积图示例

- 面积图还可以在数值存在上下限的情况下进行扩展。例如一个时间的温度存在最大值和最小值,面积图的填充由最大值、最小值决定,如图 6 - 16 所示。

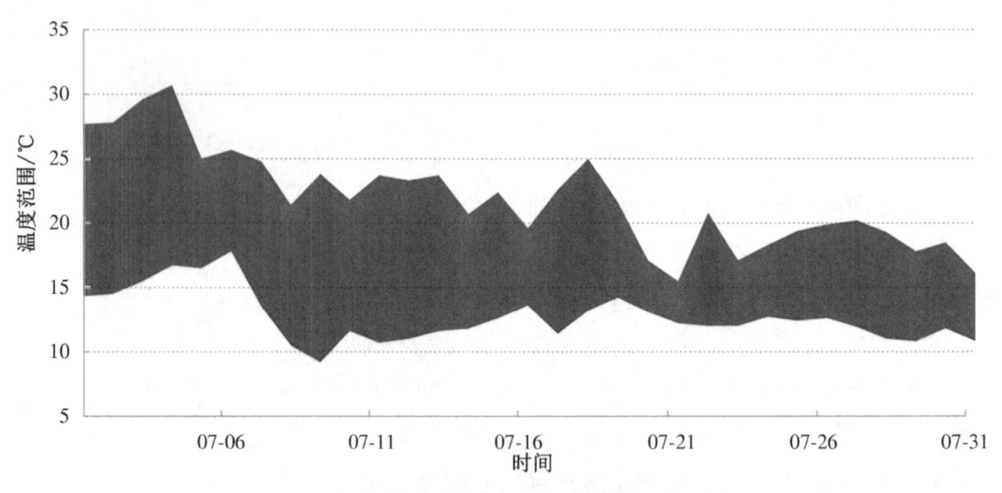


**图 6－16　根据最大值和最小值填充的面积图**

- 还可以用层叠面积图表示不同数据的总量和分量的变化趋势。层叠面积图和基本面积图一样，唯一的区别就是图上每一个数据集的起点不同，起点是基于前一个数据集的，用于显示每个数值所占大小随时间或类别变化的趋势线，展示的是部分与整体的关系。如图 6－17 是 Android 的各个版本在一定时间内的占比。

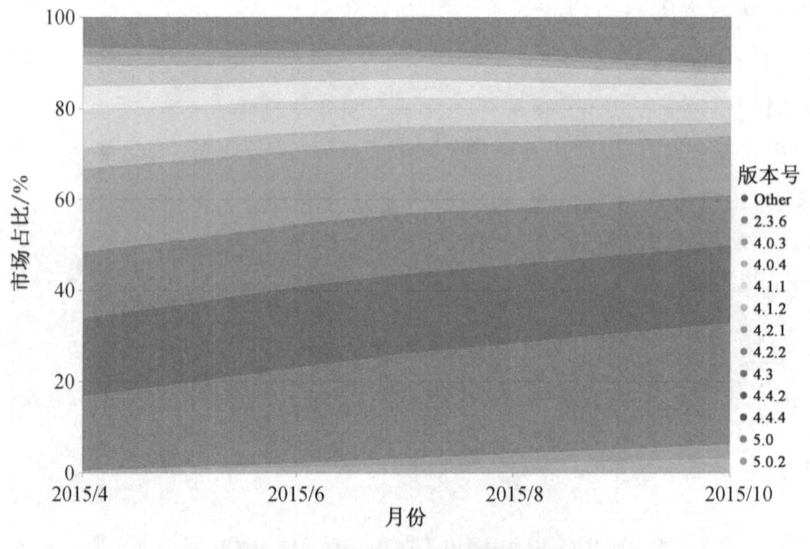


**图 6－17　百分比层叠面积图示例**

## 6.3.5　散点图(scatter plot)

散点图是将所有的数据以点的形式展现在直角坐标系上，以显示变量之间的相互影响程度，点的位置由变量的数值决定。

通过观察散点图上数据点的分布情况,我们可以推断出变量间的相关性。如果变量之间不存在相互关系,那么在散点图上就会表现为随机分布的离散的点。如果存在某种相关性,那么大部分的数据点就会相对密集并以某种趋势呈现。数据的相关关系主要分为正相关(两个变量值同时增长)、负相关(一个变量值增加而另一个变量值下降)、不相关、线性相关、指数相关等,表现在散点图上的大致分布如图 6-18 所示。那些离点集群较远的点称为离群点或者异常点。

- 适合的数据:列表中包含两个数值数据字段;
- 功能:观察数据的分布情况;
- 数据和视觉编码的对应关系:两个数值数据对应于横轴或是纵轴的位置,具体情况下可以用形状或点的颜色对分类字段进行视觉编码;
- 适合的数据条数:无限制。

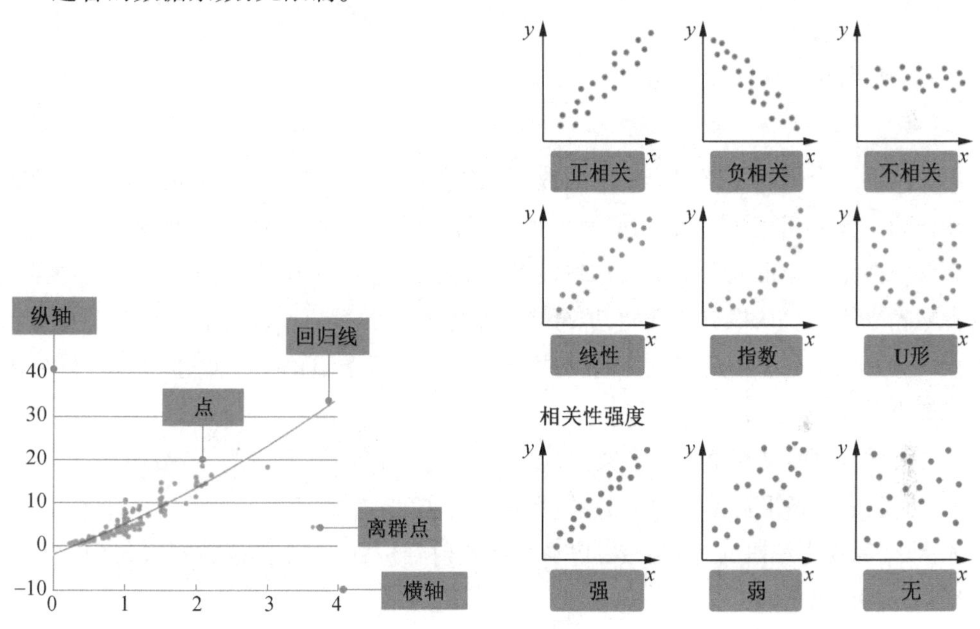


**图 6-18 散点图组成**

散点图的使用注意事项:

- 可以在散点图中增加趋势线或辅助线,例如图 6-19 是全球国家的人均 $CO_2$ 排放量和总体 $CO_2$ 排放量的散点图。我们通过增加平均辅助线,可以把这些国家分到四个象限里,更好地了解数据分布。
- 还可以通过颜色或是形状,增加一个维度的视觉编码。如图 6-19,我们可以把国家所在的区域作为不同颜色的编码,更能区别全球 $CO_2$ 排放的主要地区。

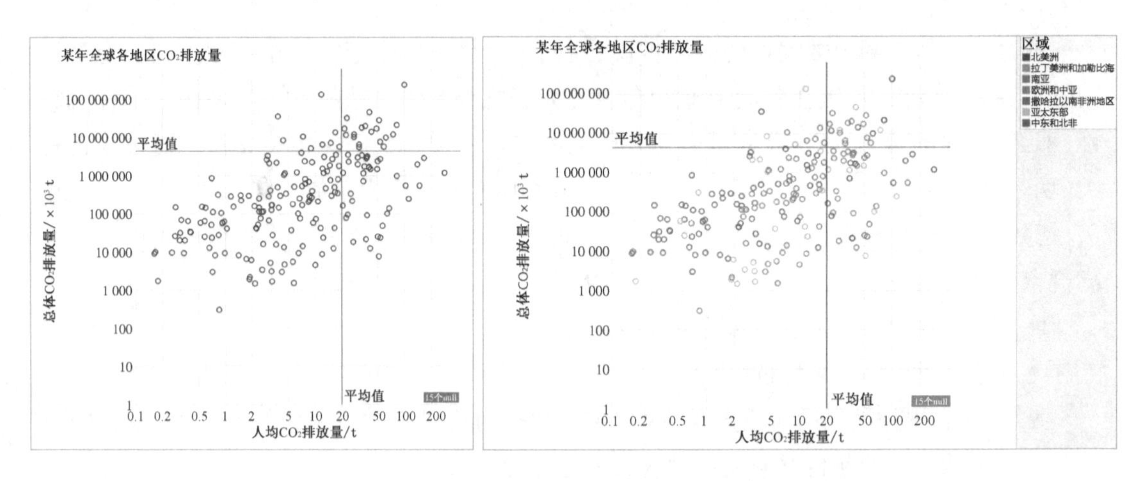


图 6-19 增加平均辅助线和颜色编码的散点图

## 6.3.6 矩形树图(treeMap)

矩形树图适合展现具有层级关系的数据,能够直观体现同级之间的比较。一个 Tree 状结构转化为平面空间矩形的状态,就像一张地图,指引我们发现探索数据的架构。

矩形树图采用矩形表示层次结构里的节点,父子节点之间的层次关系用矩形之间的相互嵌套隐喻来表达。从根节点开始,屏幕空间根据相应的子节点数目被分为多个矩形,矩形的面积大小通常对应节点的属性。每个矩形又按照相应节点的子节点递归地进行分割,直到叶子节点为止(如图 6-20)。

- 适合的数据:带权重的树形数据;
- 功能:表示树形数据的树形关系,及各个分类的占比关系;
- 数据和视觉编码的对应关系:树形关系映射到位置,占比数值数据映射到大小,设置颜色增强分类的区分度;
- 适合的数据条数:大于 5 个分类。

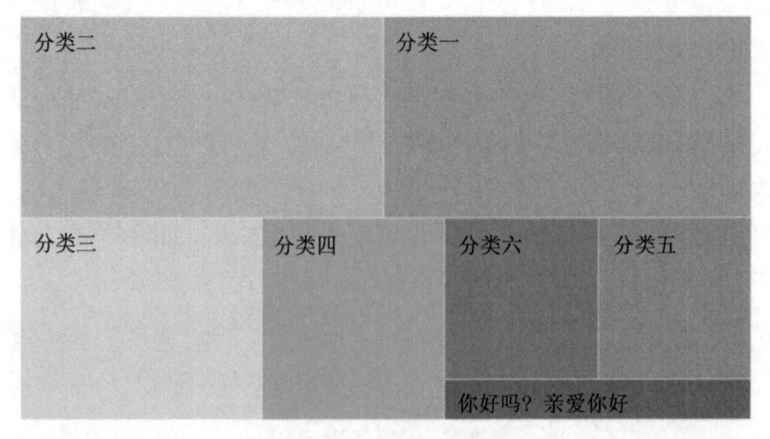


图 6-20 矩形树图组成

矩阵数据适合的场景：

- 适合带权重的树形数据，如果没有权重，用传统分叉数图更为合适。例如从图 6 – 21 中我们可以知道手机品牌的销量，以及其手机型号的销售信息。

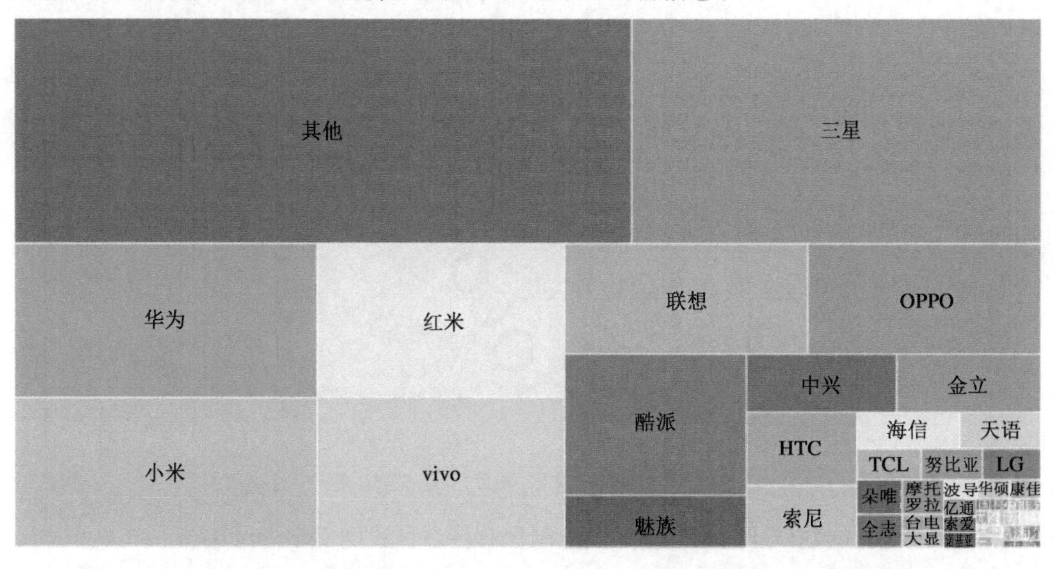


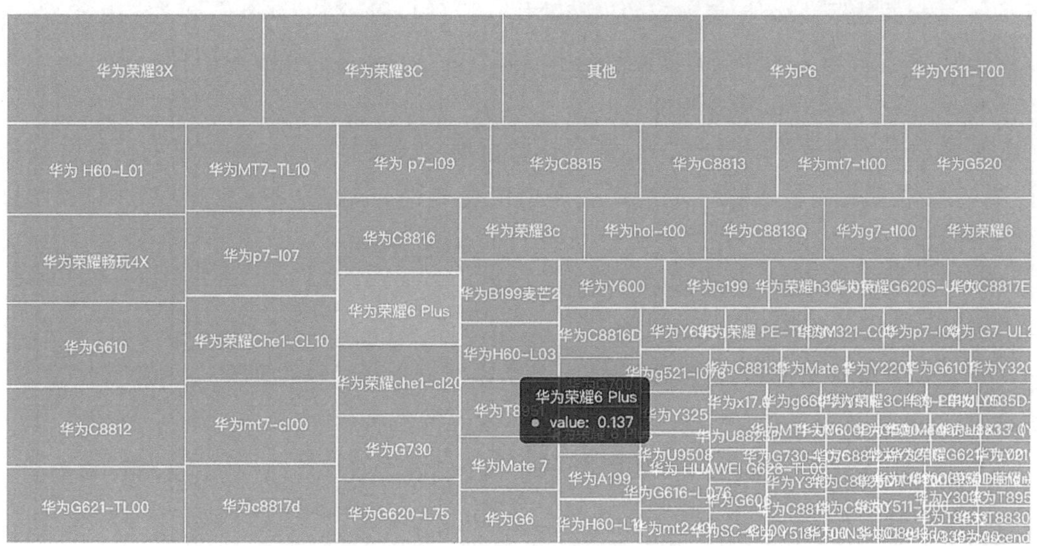


图 6 – 21　某时期手机品牌销量与手机型号销量的矩形树图示例

## 6.3.7　词云（Word Cloud）

词云，又称文字云，是文本数据的视觉表示，由词汇组成类似云的彩色图形，用于展示大量文本数据。通常用于描述网站上的关键字元数据（标签），或可视化自由格式文本。每个词的重要性以字体大小或颜色显示，如图 6 – 22 所示。词云的作用是快速感知最突出的文字，快速定位按字母顺序排列的文字中相对突出的部分。

图 6－22　词云示例

词云的本质是点图，是在相应坐标点绘制具有特定样式的文字的结果。

- 适合的数据：两个代表坐标的连续数据字段（自动计算），一个代表文字内容的分类数据字段，多个代表文字样式的分类数据字段如颜色、大小、旋转角度等（可选）；
- 功能：对比文字的重要程度；
- 数据和视觉编码的对应关系：两个连续数据字段映射到横轴和纵轴的位置，代表文字内容的分类数据字段映射到文字图形，多个代表文字样式的分类数据字段分别映射到文字图形的样式；
- 适合的数据条数：超过 30 条数据。

词云的使用注意事项：

- 适合对比大量文本，如果数据太少，就很难做出布局好看的词云，这种情况更适合用柱状图。
- 另外在数据区分度不大的情况下，词云起不到突出的效果，如图 6－23 所示。

图 6－23　数据量少与数据区分度不大的词云示例

**小测试**

选择你最喜欢的三种图表,并说明理由。

## 6.3.8　其他图表类型

### 1) 子弹图

子弹图的发明是为了取代仪表盘上常见的那种里程表、时速表等基于圆形的信息表达方式,如图 6 - 24 所示。

- 每一个单元的子弹图只能显示单一的数据信息源;
- 通过添加合理的度量标尺可以显示更精确的阶段性数据信息;
- 通过优化设计还能够用于表达多项同类数据的对比;
- 可以表达一项数据与不同目标的校对结果。

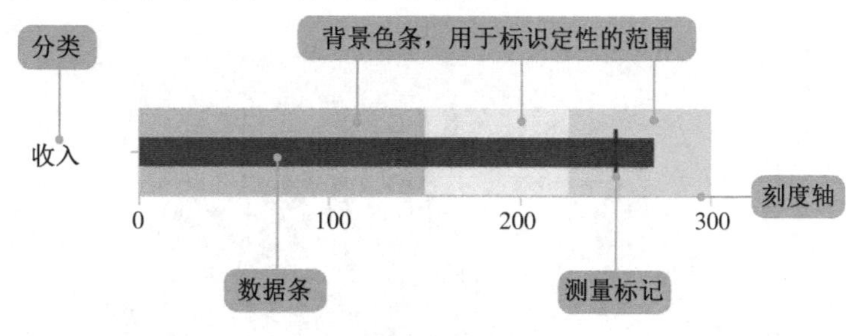


图 6 - 24　子弹图组成

图 6 - 25 是一个模拟商铺一段时间内的经营情况的数据图,一共 5 条数据,分别代表收入(单位:$10^3$ 美元)、利率(单位:%)、平均成交额(单位:美元)、新客户(单位:个)和满意度(1 ~5)五个方面,每个方面都有代表好、中、差的 3 个范围和预先设定的目标。

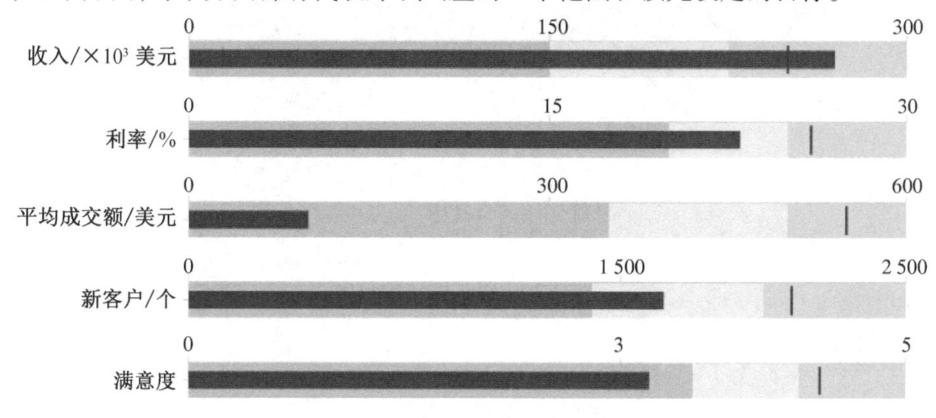


图 6 - 25　子弹图示例

### 2) 弧长链接图

弧长链接图是节点—链接法的一个变种,节点—链接法是指用节点表示对象,用线(或边)表示关系的节点的一种可视化布局表示。弧长链接图在此概念的基础上,采用一维布局方式,即节点沿某个线性轴或环状排列,用圆弧表达节点之间的链接关系。

例如,图 6-26 的网络代表了维克多·雨果的经典小说《悲惨世界》中的人物关系。

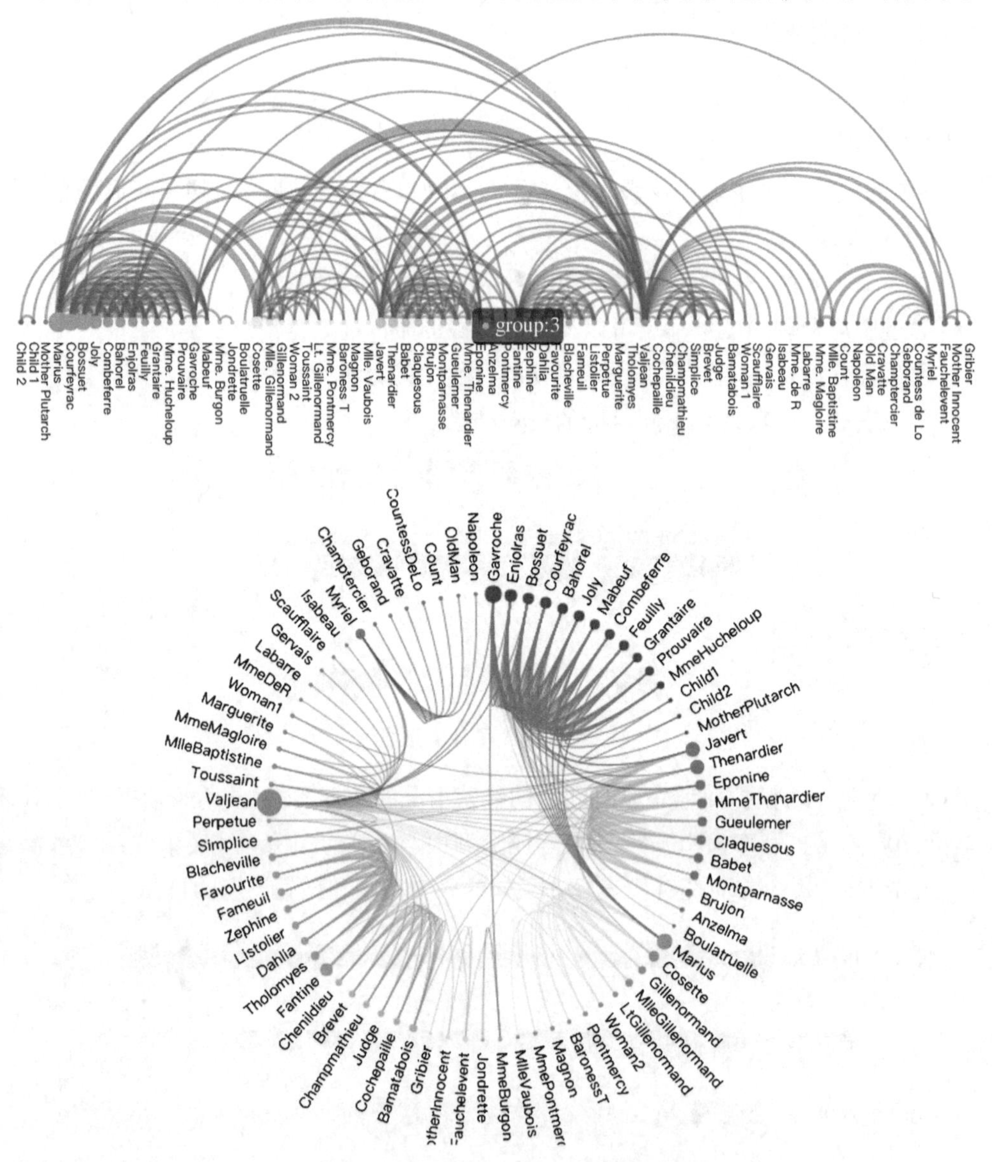


图 6-26　弧长链接图示例

### 3) 桑基图

桑基图(Sankey Diagram)是一种特定类型的流图,用于描述一组值到另一组值的流向。图中延伸的分支的宽度对应数据流量的大小。桑基图的特点如下:

- 起始流量和结束流量相同,所有主支宽度的总和与所有分出去的分支宽度总和相等,保持能量的平衡;

• 在内部,不同的线条代表了不同的流量分流情况,它的宽度成比例地显示此分支占有的流量;

• 节点不同的宽度代表了特定状态下的流量大小。

桑基图通常应用于能源、材料成分、金融等数据的可视化分析。例如,图6-27是2050年英国能源生产和消费的可能情景,左边节点表示能源供应方,右边节点表示能源需求方,中间节点是相关的生产形式,并显示能量在消耗之前如何转换和传输。

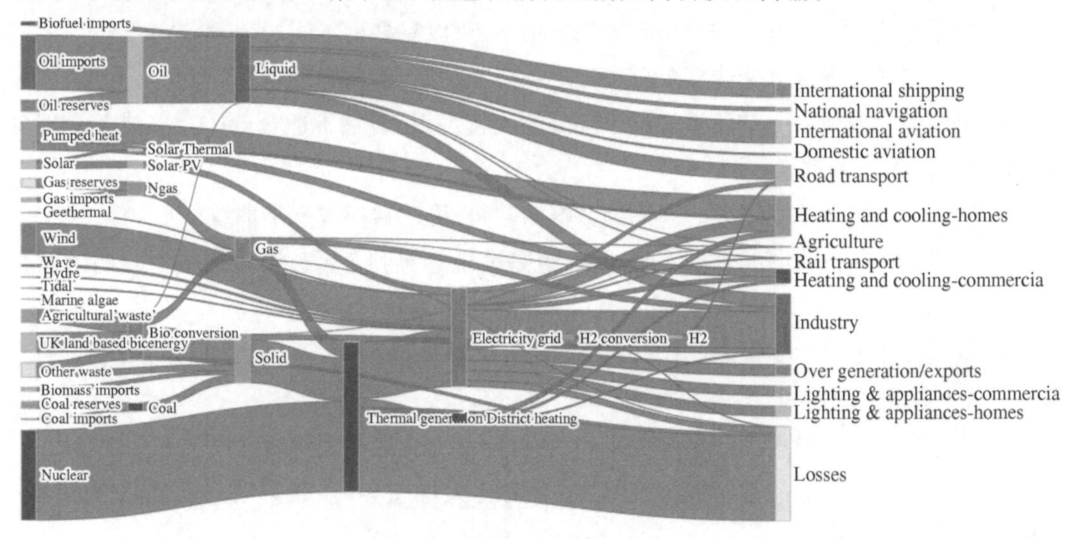


图6-27 桑基图示例

#### 4)小型多组图

可以在小型多组图里运用折线图或是其他任意图,可以展示同一组数据的各种方面,非常适合在有限的区域内包含大量的信息,如图6-28所示。

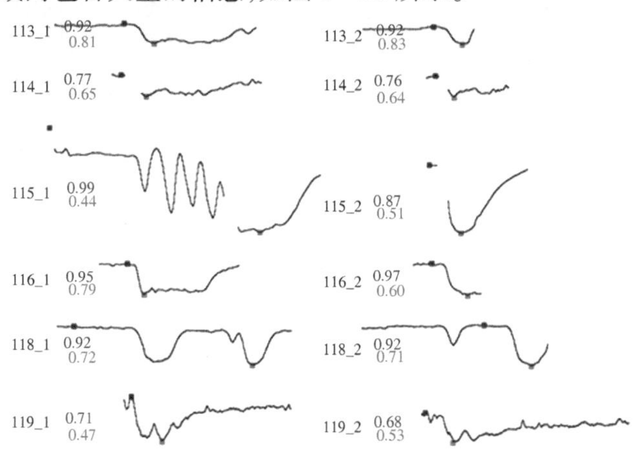


图6-28 小型多组图示例

## 6.4 小结

- 根据数据类型，以及相互关系，配合适当的视觉编码，能够选择合适的图表类型，完成可视化作品。
- 根据比较、关系、组成和分布等等相互关系，可以有多种不同的图表方式。
- 柱状图适合表现单个或多个分类数据的对比关系，不适合表示趋势。
- 饼图适合表现一个整体里的各个部分的比较关系，但是不适合分类过多或各个部分的对比差别不大的场景。
- 折线图可以表示有序或时间序列数据的趋势，可以转换成平滑曲线。
- 面积图是在折线图的基础上形成的，也是表现趋势和关系。可以通过半透明的颜色表现正值和负值，也可以用层叠面积图表示多组数据的对比。
- 散点图适合表达变量之间的相互关系，可以增加辅助线，不同属性的点用不同的颜色或形状等方式，增加散点图的表现力。
- 矩形树图适合展现具有层级关系的数据，能够直观地体现同级之间的权重比较。
- 词云是文本数据的常用数据表达，适合对比大量文本，在数据区分度比较大的情况下能获得更好的效果。
- 较为新颖的图表表现方式还有很多，包括子弹图、弧长链接图、桑基图和小型多组图等。

扫码得第 7 章
全部彩图

# 第 7 章

# 设计原则

## 学习目标

- 理解前意识的类型
- 正确使用颜色方案
- 了解认知格式塔原理
- 理解图表的有效性和准确性
- 了解图形语法

## 能力目标

- 设计图表时能够正确使用视觉规则
- 设计图表时能够保证有效性和准确性
- 能够鉴别数据可视化图表的优缺点

## 7.1 视觉感知

心理学家认为,人类的感知系统由负责语言方面和其他非语言方面两个子系统组成。但是,如果以很快的速度呈现一系列图画或文字,被试者回忆出图画的数目远大于文字的数目。因此可以说,大脑对图像信息的记忆效果和记忆速度要好于对语言的记忆效果和记忆速度,这也是可视化有助于数据信息表达的一个重要理论基础。

但是,人们对视觉的感知有一些特定的规律和倾向,感知心理学对其有深入的研究。这里我们进行大体的介绍,在我们进行可视化设计的时候,需要注意并利用其中的原理,才能设计出符合认知和有效的可视化作品。

## 7.2 前意识加工

**小实验**

图 7 - 1 中有两组数字,你能用多快的速度找到其中数字 9 出现的次数?

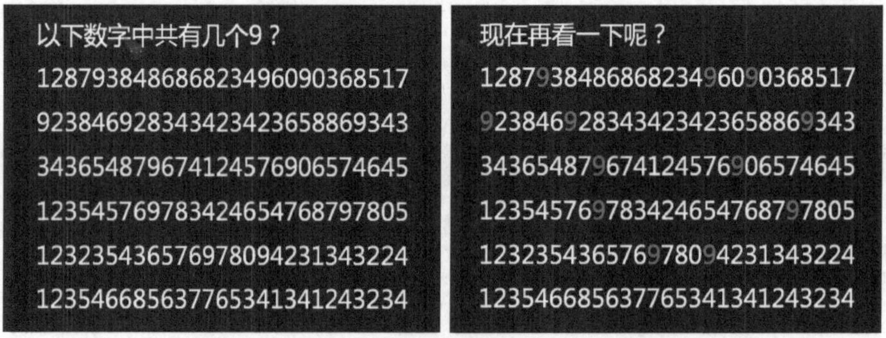

以下数字中共有几个9?
128793848686823496090368517
923846928343423423658869343
343654879674124576906574645
123545769783424654768797805
123235436576978094231343224
123546685637765341341243234

现在再看一下呢?
128793848686823496090368517
923846928343423423658869343
343654879674124576906574645
123545769783424654768797805
123235436576978094231343224
123546685637765341341243234

**图 7 - 1 找出 9 的小实验**

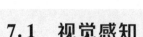

可以发现,第二张把 9 的颜色显示为红色的图里,人们可以用非常短的时间统计出 9 的个数,并且和其他数字的总数没有关系。但是第一张图里就要用长得多的时间才能完成。

这里就用到了前意识加工。前意识加工通常需要 200 ~ 250 ms,类似于人们从面部表情识别出情绪的时间。前意识加工利用我们的视觉和感知能力自动处理信息,能够迅速识别可视化的元素,这就是为什么红色的数字立即变得很显眼的原因。这里我们用色相作为前意识的属性,也可以使用饱和度达到同样的效果。图 7 - 2 中,红色的线条在灰色的线条中非常醒目,黑色线条在灰色线条中也比较醒目。

图 7－2　色相作为前意识属性示例

我们还可以利用其他前意识属性帮助我们凸显信息或是在可视化中引导用户的视线。前意识属性基本上有四大类，分别是颜色、形状、动态和空间位置，如图 7－3 所示。颜色我们刚才已经提到过了。关于形状，我们可以改变线条宽度、弯曲度、尺寸或者形状等，都能够显得醒目。动态是另一种形式的前意识属性，一堆方块中，其中一块使用了旋转的效果，就从其他的方块中凸显出来，或者用渐进渐出等其他动画效果，都能有效地引导人们的视线。最后，还可以使用空间位置作为前意识属性，在可视化作品中，可以通过这种方式吸引人们的目光转移到标题、图例或是注释部分。当然，前意识属性可以在可视化中同时出现，例如散点图中可以同时用颜色和形状区分数据的类别。

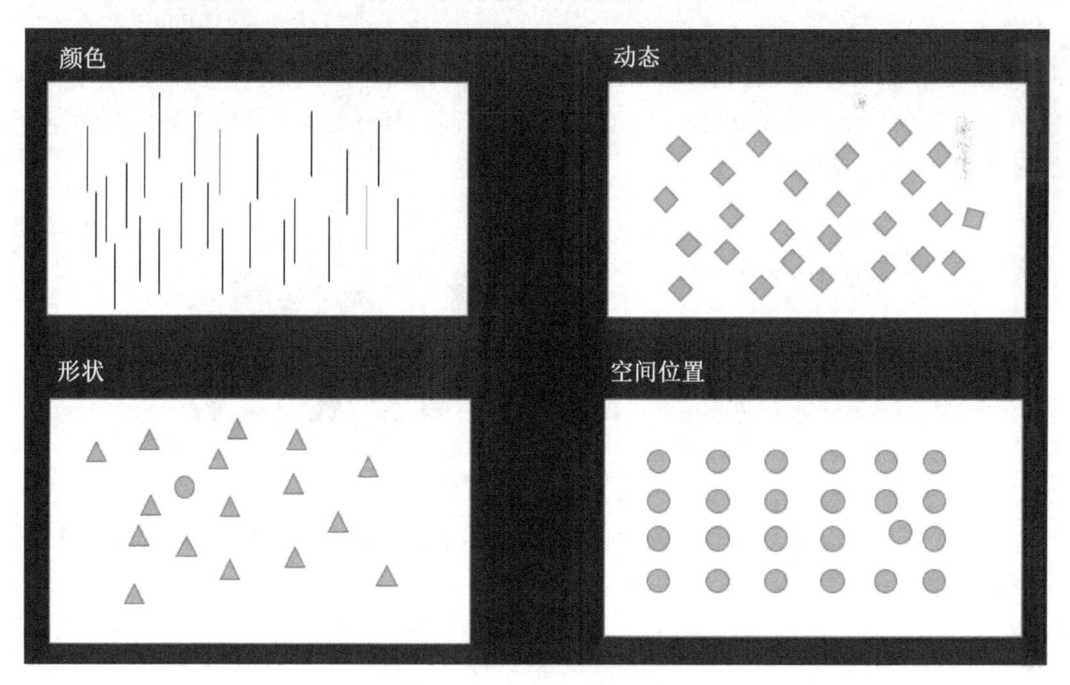


图 7－3　其他前意识属性

## 7.3　认知的格式塔原理

心理学家研究表明,人们在观看的时候,眼、脑首先将各个部分组合起来,使之成为一个更容易理解的统一体。同时,眼睛的能力只能接受少数几个不相关联的整体单位。这种能力的强弱取决于这些整体单位的不同与相似,以及它们之间的相关位置。如果一个单一场景中包含了太多的互不相关的单位,眼脑就会试图将其简化,把各个单位加以组合,使之成为一个知觉上易于处理的整体。如果办不到这一点,整体形象将继续呈现为无序状态或混乱,从而无法被正确认知,简单地说,就是看不懂或无法接受。

这种理论就称为格式塔原理,它阐述了这样一个观念,即人们的审美观对整体与和谐具有一种基本的要求。简单地说,视觉形象首先是作为统一的整体被认知的,而后才以部分的形式被认知。也就是说,我们先"看见"一个构图的整体,然后才"看见"组成这一构图整体的各个部分。

大脑倾向于把复杂的视觉内容简化为容易理解的整体。至于什么样的视觉表达才能使人们更容易理解,更协调,更易于被人们接受,这就要讲到格式塔原理的基本法则。

### 7.3.1　相似性原理

人们会自然地关注外表相似的物体,不论位置是否相邻,而把它们联系起来。例如颜色、形状相似的物体会被区分到一组。如图7-4,不同的颜色会被默认为不同的分类,不同的形状也可以表示不同的类型。

图7-4　相似性原理

在图表中,我们经常用不同颜色或形状来区别散点图中数据的不同分类,就是利用了这个原理(如图7-5)。

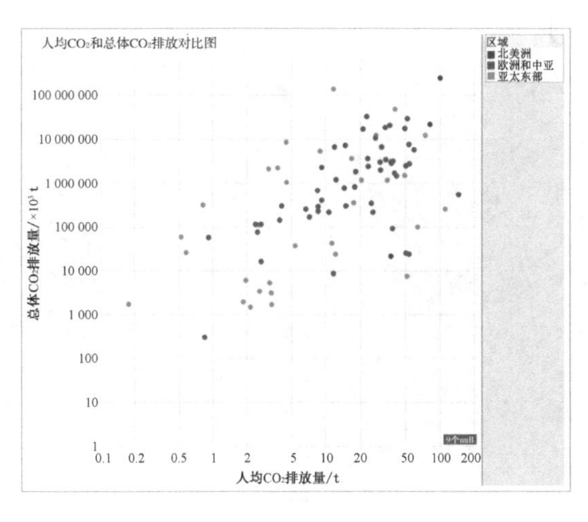


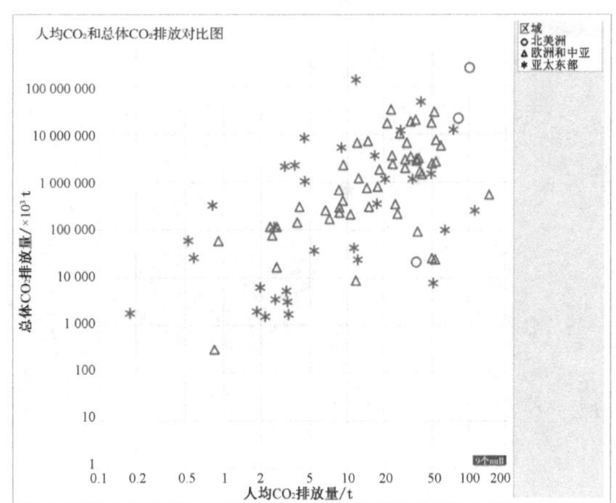


**图7-5　散点图中采用不同颜色和形状进行分类**

## 7.3.2　接近性原理

当视觉元素在空间距离上相距较近的时候，人们倾向于把它们归为一组。并且单个视觉元素的个性会减弱。如图7-6中，左侧的图，人们会倾向于分为左右两部分。而右图中，人们会倾向于看成字母U而忽略具体的小图形。

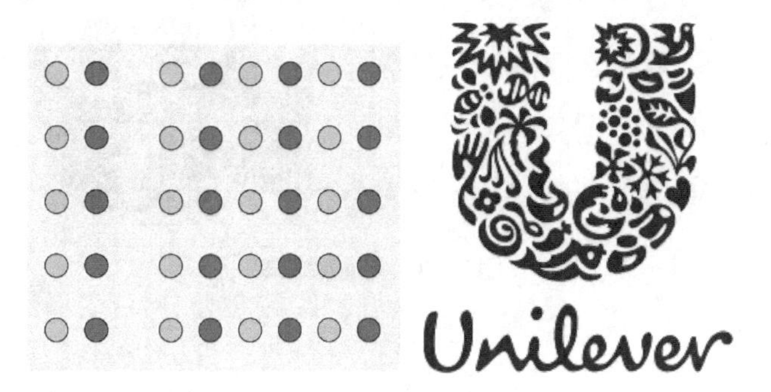


**图7-6　接近性原理**

在可视化图表中，人们把仪表盘中的图表相关的放到一起，标题和图例也尽可能地和对应的图靠近，利用这个原理可以使得整个仪表盘看起来更加条理清楚、整洁有序，如图7-7所示。

## 7.3.3　闭合性原理

视觉系统自动尝试将敞开的图形关闭起来，从而将其感知为完整的物体而不是分散的碎片。例如图7-8，我们的视觉系统强烈倾向于看到物体，以至于能将右图看成一只熊猫，而不是单独的图形。左图通过曲线，也能让人们认为两个线框各是分开的个体。

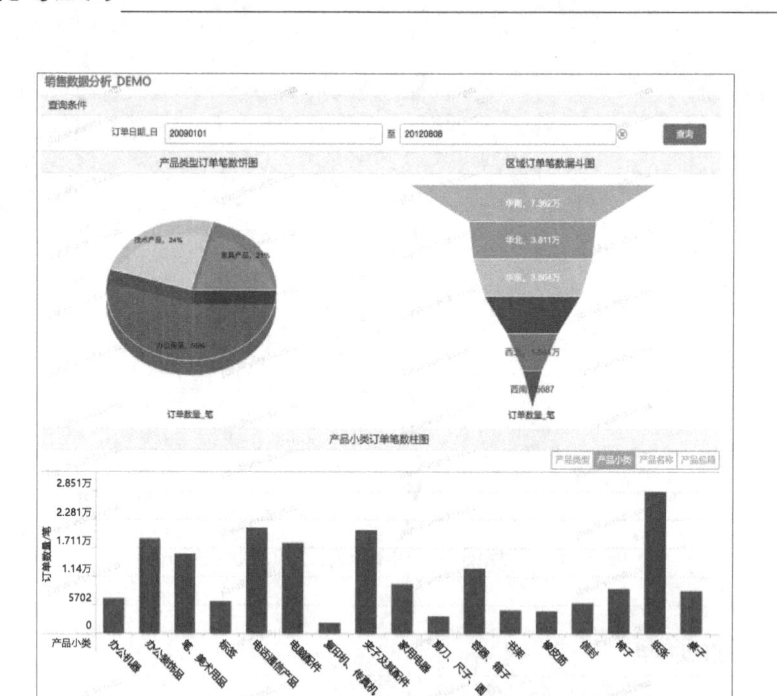

图 7－7　仪表盘的接近性原理

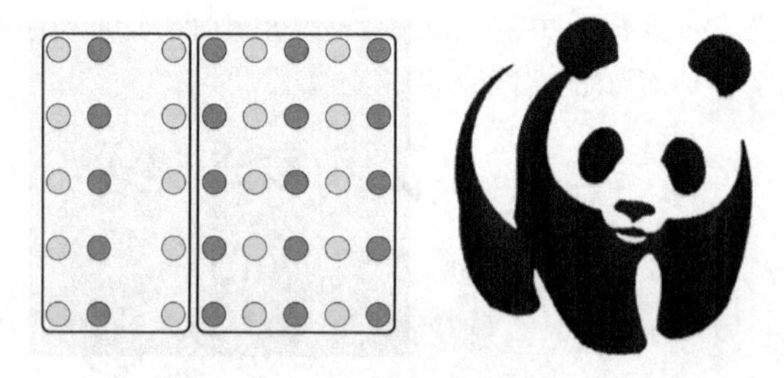

图 7－8　闭合性原理

## 7.3.4　连续性原理

人们在观察事物的时候，会倾向于沿着物体的边界，将不连续的物体视为连续的物体。例如图 7－9 中，左图虽然只是分散的点，人们还是会很清晰地分出两个方向。右图同样会让人感觉树叶是顺着 H 的中间飞出来的一样。

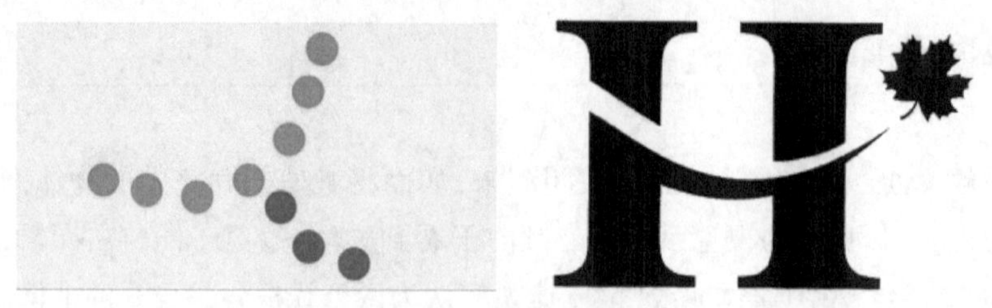

图 7－9　连续性原理

利用连续的例子非常多,例如通过散点图考察两个变量之间的趋势,或是通过螺旋线显示周期性的日历,如图7-10所示。

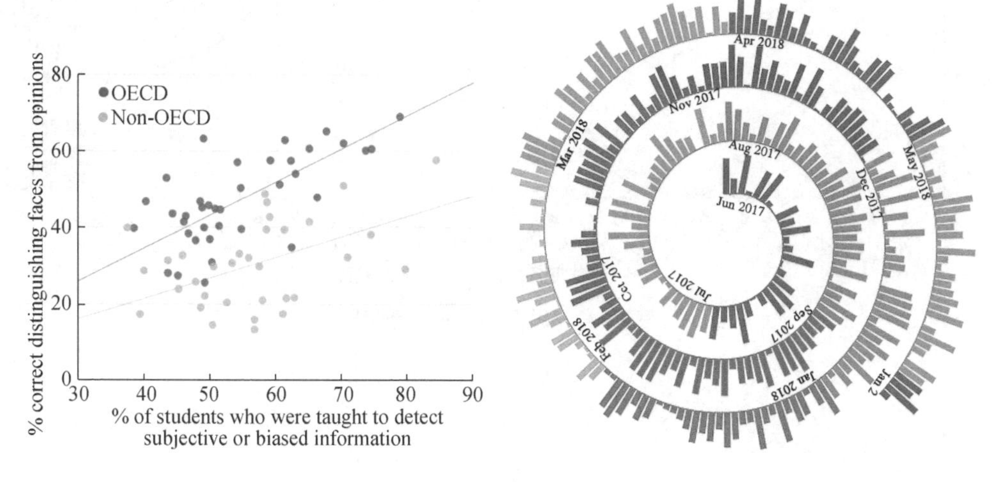


图7-10　连续性示例

## 7.3.5　图形和背景

人们在感知事物的时候,总是自动地将视觉区域分为主体图形和背景。一旦图像中的某个部分符合作为背景的特征的话,我们的视觉感知就不会把它们作为主体焦点。如图7-11,如果我们把中间部分当作主题,周围当作背景的话,就会看成一个杯子,否则就会看成两个面对面的人脸。

图7-11　杯子与人脸中的主体与背景

根据这样的原理,在图表设计当中,我们就可以通过一些处理将图像中的某些部分变成背景,这样可以显示更多的信息或者将用户的焦点转移。例如最简单的将一部分图形设置成灰色,就会让用户将其变成背景,从而突出聚焦的部分,如图7-12所示。

在可视化设计中,我们可以尝试用格式塔原理来考量各个元素之间的关系是否符合设计的初衷,是否会给人们带来错觉,是否能清晰明了地让人们最快地"看懂"。这是完成图表设计中特别需要注意的地方。

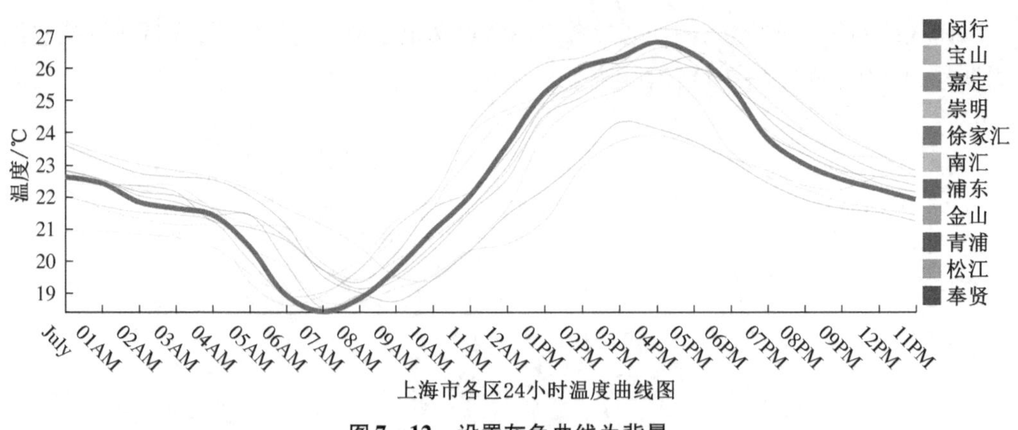


**图7-12 设置灰色曲线为背景**

## 7.4 颜色方案

颜色是可视化展示中用得最多也最容易误用的视觉编码之一。颜色包含着相当丰富的信息。

人对颜色的感知是一个主观的过程,大脑需要响应光对人体视锥细胞产生的刺激。物体所呈现的颜色由物体的材料属性、光源中各种波长分布和人的心理认知共同决定,因此存在个体差异。也就是说,不同的人对相同颜色的感知也可能是不一样的。

### 7.4.1 色彩空间

颜色的表示方法有很多,其中,色彩空间是描述使用一组值表示颜色的方法的抽象数学模型。常见的色彩空间包括 RGB 色彩空间、CMYK 色彩空间和 HSV/HSL 色彩空间等。

- RGB 色彩空间采用笛卡儿坐标系定义颜色,三个轴分别对应红色(R)、绿色(G)、蓝色(B)三个分量。RGB 色彩空间是迄今为止使用最为广泛的色彩空间,几乎所有的电子显示设备都在使用 RGB 色彩空间。而 CMYK 通常应用于印刷行业中。
- HSV/HSL 色彩空间遵循了人类的感知方式。人类对于颜色感知的方式通常包括三个问题:是什么颜色? 深浅如何? 明暗如何? 在 HSV 色彩空间中,H 指色相(hue),S 指饱和度(saturation),V 指明暗度(value)。在 HSL 色彩空间中,L 表示亮度(lightness)。它们比 RGB 色彩空间更加直观且符合人类对颜色的语言描述。

### 7.4.2 颜色映射

颜色映射指的是颜色和数据值之间的映射关系,也就是对颜色进行可视化编码的过程。

从可视化编码的角度对颜色进行分析,可以将颜色分为色相、亮度和饱和度三个视觉通道。色相本身不具有明显的顺序性,因此一般被用作定性的视觉通道。而亮度和饱和度可以被用作定量或定序的视觉通道。

针对不同类型的数据,我们通常会选用不同的颜色映射方式。在对有序型数据使用颜色映射时,应当利用亮度、饱和度这些量级视觉通道。在对类别型数据使用颜色映射时,应当利用色相这一定性通道,如图 7 - 13 所示。在某些情况下,若是已经通过其他方式编码了有序型数据的数值,也可以不使用亮度或饱和度来进行编码。问题在于,如果一旦使用了颜色映射,就应当遵循前面所说的规则。

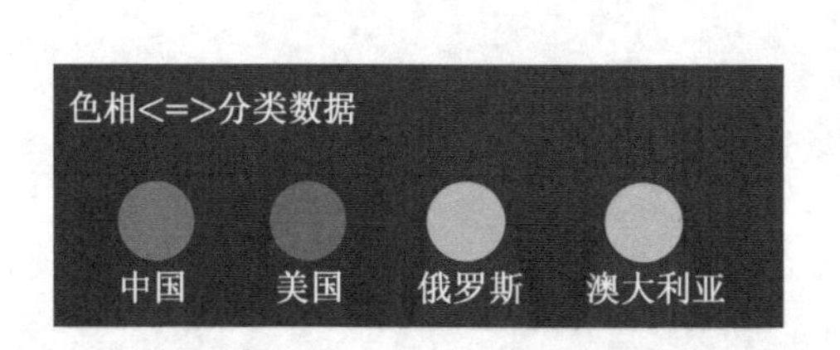


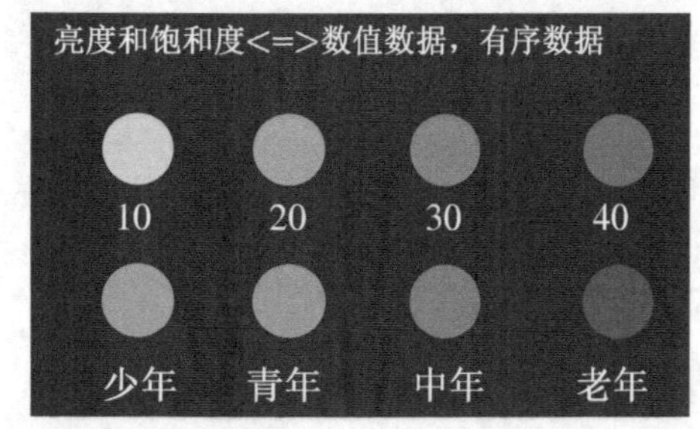


**图 7 - 13　色相、亮度和饱和度的数据可视化应用**

## 7.4.3　使用颜色的注意事项

### 1）单色相

能用单色表达数据意义的情况下,不建议用多色。如果图表只展示单一属性,建议不要用多色相,类似图 7 - 14,这里的颜色反而削弱了数据的表达。

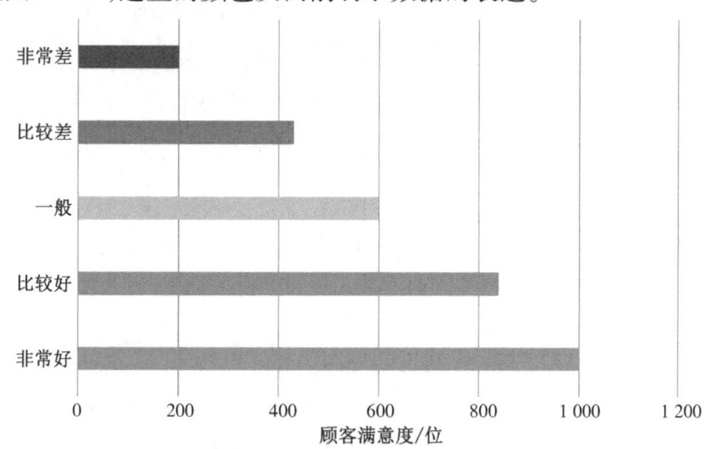


**图 7 - 14　单一属性使用多色相表示**

### 2）多色相

人们在不连续区域的情况下通常可以分辨 6 ~ 12 种不同色相,以及有限个可辨亮度层次。使用过多的色相将对人类的视觉感知产生困扰，建议谨慎选择颜色的数量。

✓ 注意：在考虑图表中的颜色数量时，需要将背景色和图例颜色考虑进去，即显示区域所有颜色的总和。

✓ 注意：如果着色区域比较小，由于视觉通道的相互影响，可分辨的数量将相应有所下降。

✓ 多色情况下，避免使用相近色相表达不同的属性。

✓ 多亮度与多饱和度可以表达有序数据或数量数据，但是并不精确，一般在特定图表中使用，比如说热力图中，用不同亮度的红色表示气温，如图 7－15 所示。

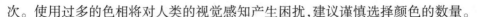

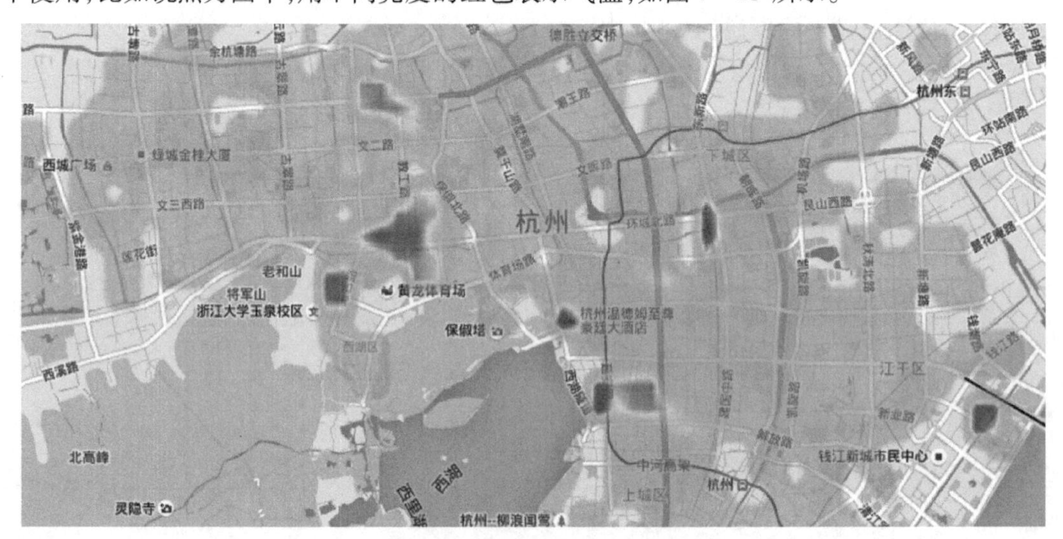


图 7－15　热力图（红色表示气温）

**3）背景色和透明度**

✓ 图表设计中的颜色使用必须统一，背景颜色不要选取与图表主体内容相同或相近的颜色，通常较多地使用白色、浅灰色作为背景颜色，有时也会使用黑色。

✓ 透明度是与色相、亮度、饱和度紧密相关的另一个视觉通道。由于透明度编码本身受亮度编码和饱和度编码的强烈影响，建议不要同时使用这三个视觉通道。但是它可以和色相编码一起使用。

✓ 辅助元素的配色也尽量与图表主体配色统一。

**4）视觉缺陷**

人群中相当一部分人具有视觉缺陷，包括色盲、色弱等。为了帮助他们识别图表，我们可能需要采取一些特殊方法。一种可以实践的方法是在设计时通过软件模拟视觉缺陷人群的视觉感知，设计出安全的方案。另一种方法是增加亮度和饱和度的变化，当然这是在这两者原本并未参与视觉编码的情况下。

有一些配色网站能帮助设计师采用视觉安全的配色方案，兼顾有视觉缺陷的人群，也保障了色相的差异、颜色的识别度等，我们应该尽可能地参考。这里有两个配色网站可供参考：

https://color.adobe.com/zh/create/color-wheel

http://colorbrewer2.org/

**5）不要过分依赖颜色**

很多人喜欢在数据图表上加入更多颜色让图表更加丰富。但是这样做往往会导致信息传达不聚合，应尽量避免这种情况的发生。我们的目的主要是为了传达数据本身。

## 7.5　图表的有效性

我们可以从下面的案例来了解怎么提升图表的有效性。

图7－16的柱状图用了大量墨水装饰图形，但是并没有告诉读者更多的信息。用到的都是非数据墨水或冗余数据墨水，我们通常称之为图表垃圾。

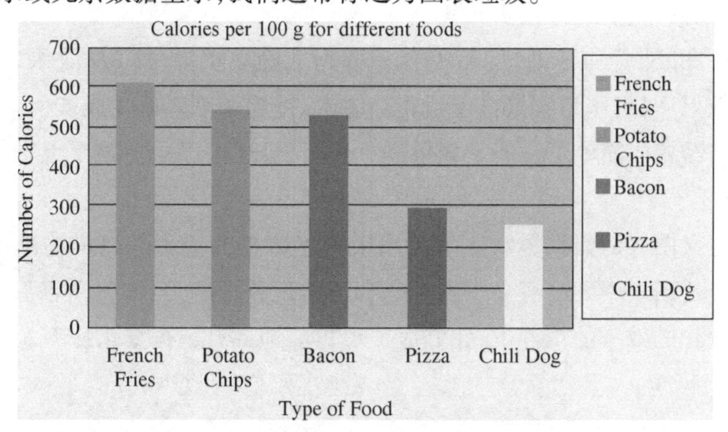


**图7－16　每100 g食物的热量对比（原图）**

首先，我们可以去掉背景底纹，图表一下子就清爽了很多，如图7－17所示。

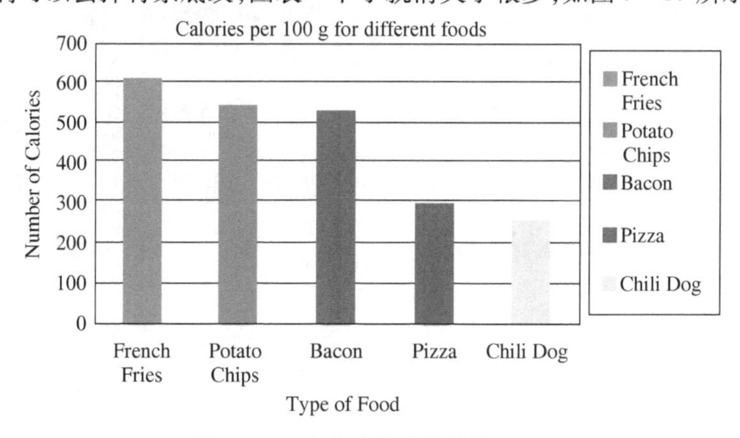


**图7－17　去除背景底纹的图7－16**

然后，图例信息和坐标轴信息也是冗余的，去掉图例，坐标轴说明和标题也有很多冗余信息,进行调整后简单了许多,如图 7 - 18 所示。

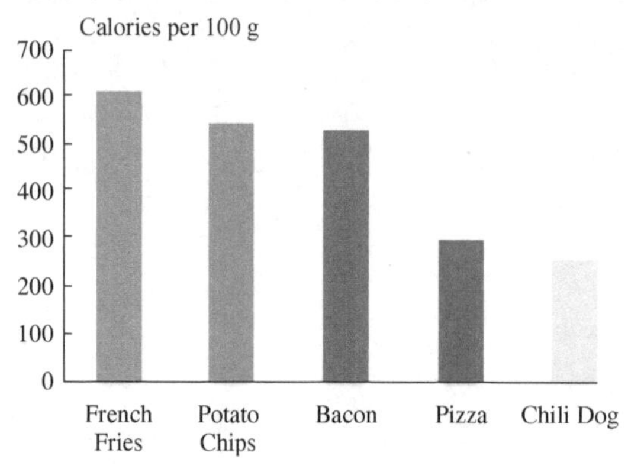


**图 7 - 18　去除冗余信息的图 7 - 17**

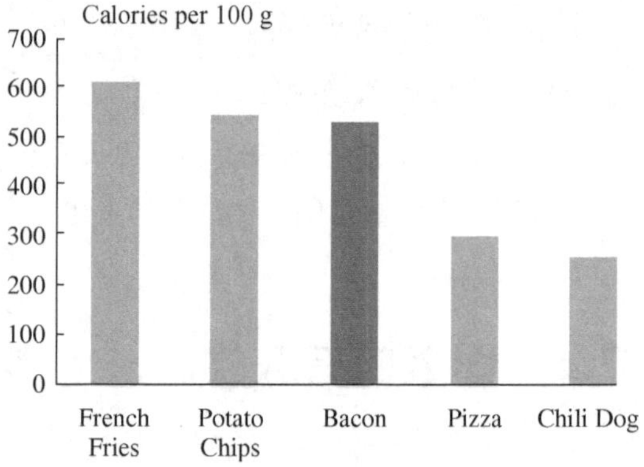

**图 7 - 19　修改色相的图 7 - 18**

图 7 - 18 中颜色也非常杂乱,并没有突出重点,如果这个图表主要是体现熏肉(Bacon)的热量,我们可以修改色相,如图 7 - 19。

同样 3D 效果没有任何帮助,反而不容易看到准确数字,去掉 3D 效果。同样纵轴和标题的字体粗黑效果明显,作为背景过于喧宾夺主了,把饱和度降低变成灰色。

图 7 - 20 已经相当简单了。但是如果进一步简化,还可以去掉整个纵轴,直接把数据写在柱形上(如图 7 - 21)。

我们通常定义图表的数据墨水比率为用来描述数据的墨水除以描述其他一切的墨水。用这个参数来查看图表中到底有多少内容是真正体现数据的,而哪些内容只是用来装饰的。在提升数据可视化的效率的情况下,我们应该尽可能地提升数据墨水比率。

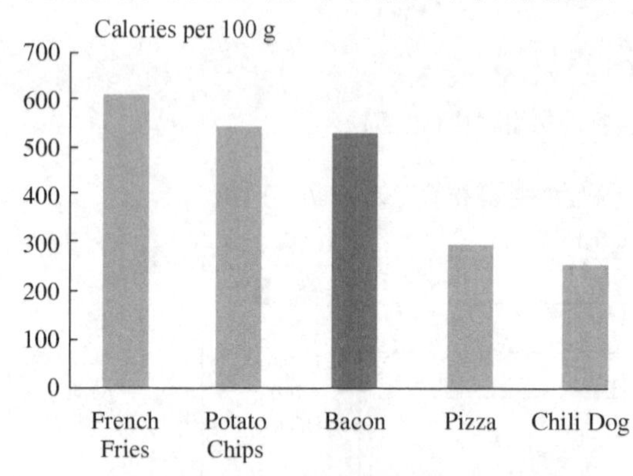


**图 7 - 20　去除 3D 效果和设置背景的图 7 - 19**

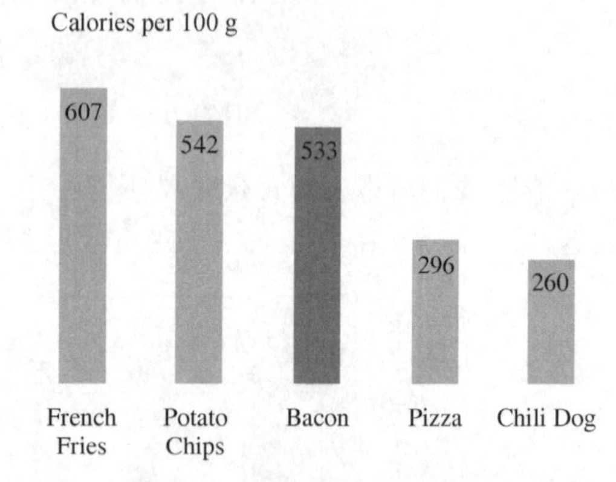


**图 7 - 21　进一步简化的图 7 - 20**

**小测试**

以下哪些元素可以认为是图表垃圾?

(1) 亮红色的图表外框

(2) 描述性的图表标题

(3) 浅灰色的背景

(4) 加粗的标签和格子底纹

(5) 用花体字完成的数据标签

(6) 浅灰色的坐标轴的参考线

## 7.6 图表的准确性

失真系数是著名的数据可视化专家 Edward Tufte 提出的,是考察图表能否准确地表达数据的参数,也用于描述图表的完整性或展示数据的效果。计算失真系数,可以用图表中展示的效果的大小除以数据中展示的效果的大小。失真系数为1代表图表中展示的效果和数据中的完全一致,通常我们希望失真系数在0.95到1.05之间,由于图表的限制,能做到在这个区间就认为是非常好的了,就可以认为图表表达数据的准确性非常好。

在图7-22中,如果我们要查看从1978年到1985年每加仑的油能够跑的英里数的变化。从图表上看变化比率是(5.3-0.6)/0.6=7.83,而从数据中看是(27.5-18)/18=0.53。这两者的比率是14.8。可见这张图的失真系数远远超过正常值,是非常不准确的。

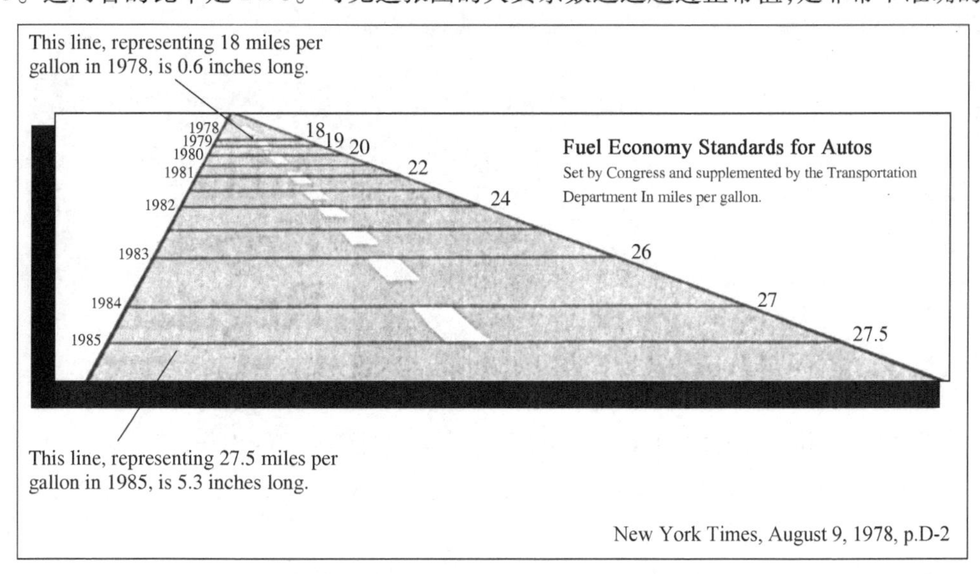


图7-22 每加仑油可以跑的英里数的变化

## 7.7 图形语法

图形语法是由 Leland Wilkinson 在20世纪90年代提出的可视化创建原则的理论,其最主要的思想是内容和审美分离。数据与其视觉表达应该区分,而在此之前人们通常会把需

要传递的数据信息和传递媒介非常紧密地结合在一起。

例如，我们拥有全球各个国家的历年人均 $CO_2$ 和总体 $CO_2$ 的排放量数据，如图 7－23 所示。

| 1 | 国家代码 | 国家/地区名 | 区域 | 年份 | $CO_2/\times10^3$ t | 人均 $CO_2$ |
|---|---|---|---|---|---|---|
| 1874 | CHN | 中国 | 亚太东部 | 1960 | 780,726.30 | 1.1703813 |
| 1875 | CHN | 中国 | 亚太东部 | 1961 | 552,066.85 | 0.8360469 |
| 1876 | CHN | 中国 | 亚太东部 | 1962 | 440,359.03 | 0.6614281 |
| 1877 | CHN | 中国 | 亚太东部 | 1963 | 436,695.70 | 0.6400018 |
| 1878 | CHN | 中国 | 亚太东部 | 1964 | 436,923.05 | 0.6256460 |
| 1879 | CHN | 中国 | 亚太东部 | 1965 | 475,972.93 | 0.6655242 |
| 1880 | CHN | 中国 | 亚太东部 | 1966 | 522,789.52 | 0.7108913 |
| 1881 | CHN | 中国 | 亚太东部 | 1967 | 433,234.05 | 0.5741621 |
| 1882 | CHN | 中国 | 亚太东部 | 1968 | 468,928.63 | 0.6054519 |
| 1883 | CHN | 中国 | 亚太东部 | 1969 | 577,237.14 | 0.7251495 |

**图 7－23　各国历年人均 $CO_2$ 和总体 $CO_2$ 排放量**

如果只把其中中国和美国的人均数据用线图表达，可以得到图 7－24 中的左图。我们已经可以清晰地看出图形比表格有更好的表现力。现在如果再对比总体 $CO_2$ 排放量，在展示方式和数据紧密耦合的情况下，我们需要重新编码工具，重复大量前面的工作，重新绘制坐标轴和折线才能得到图 7－24 中的右图。

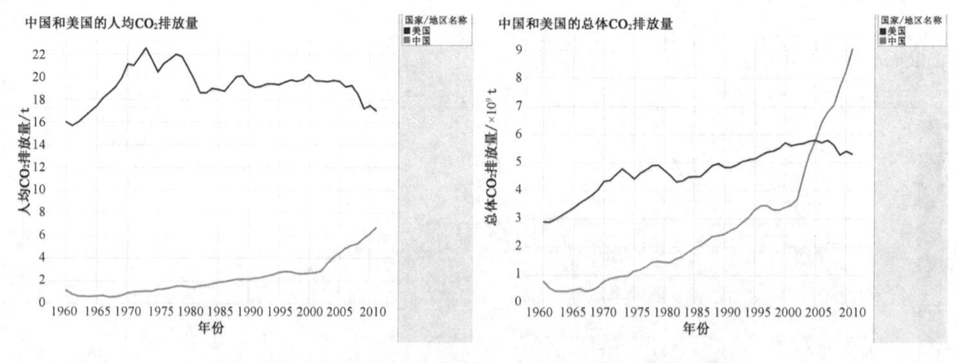


**图 7－24　中美历年人均 $CO_2$ 和总体 $CO_2$ 排放量对比**

但是如果采用图形语法的工具，我们能分开数据和图形显示的工作，就可以利用同样的曲线和坐标轴处理不同的数据，大大减少了重复的工作。在下面通过 D3 完成图表绘制的过程中，能够进一步理解这个工具的应用。

通过这种方式，可以将数据转换和展示数据的工作区分开，由工程师关注数据操纵、清洗和处理，由设计人员关注数据的视觉编码。另外，通过将数据内容和展示区分的方法，可以更加方便地通过不同的视觉编码和坐标体系，尝试为相同的数据构造不同的可视化图表。

例如上面的例子，我们可以用折线图表现数据，也可以用面积图表现，甚至可以用箱形图表现各个区域的国家的数据分布，或者直接用地图来表现，如图 7－25 所示。

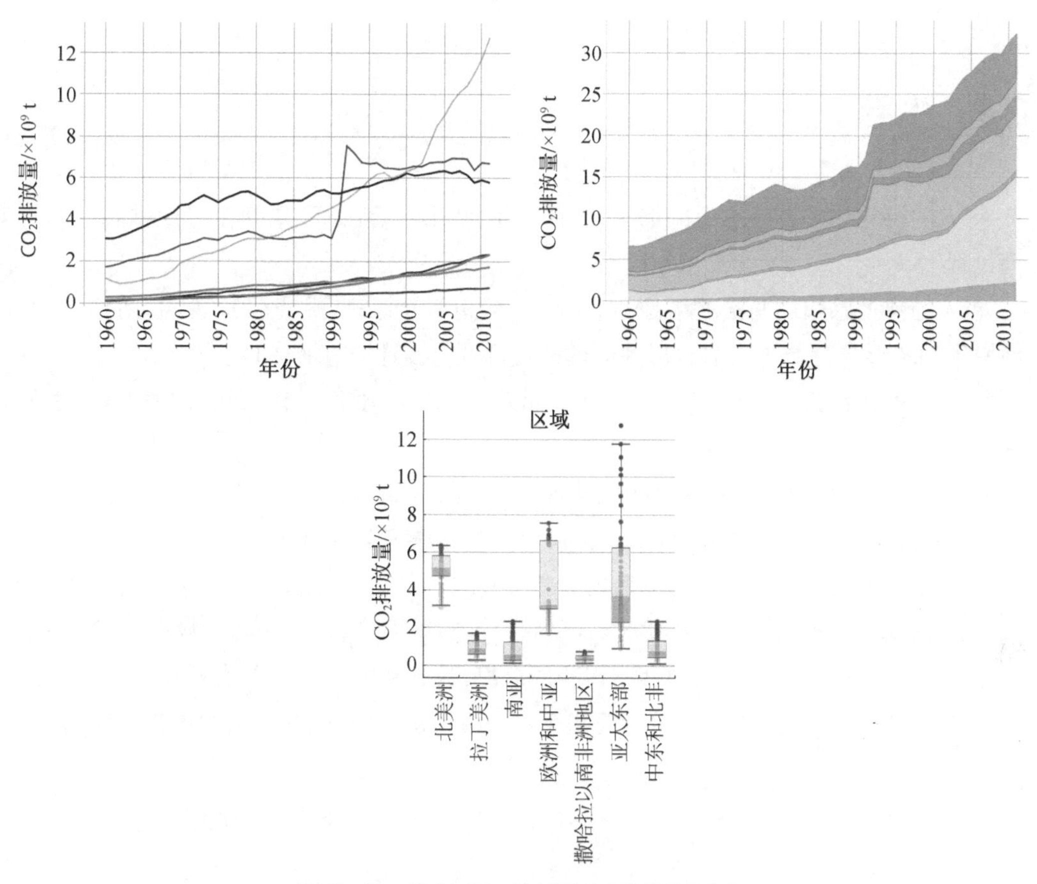


图 7-25 世界 $CO_2$ 排放量的不同图形表示

不同的视觉编码和坐标系可以组合成不同的图表，例如：

- 分类数据 + 连续数据 × 笛卡儿坐标系 = 条形图
- 分类数据 + 连续数据 × 极坐标系 = 饼状图
- 连续数据 + 连续数据 × 笛卡儿坐标系 = 散点图

很多工具，包括 D3 的编码就是遵循图形语法的原则和方式。D3 首先加载数据，整理数据，然后再通过绘制坐标轴和几何图形完成整个图表绘制，如图 7-26 所示。如果修改数据，只需要加载新的数据集即可，图形绘制的所有代码都可以重复使用。我们在学习 D3 的过程中能进一步体会这种方式的灵活之处。

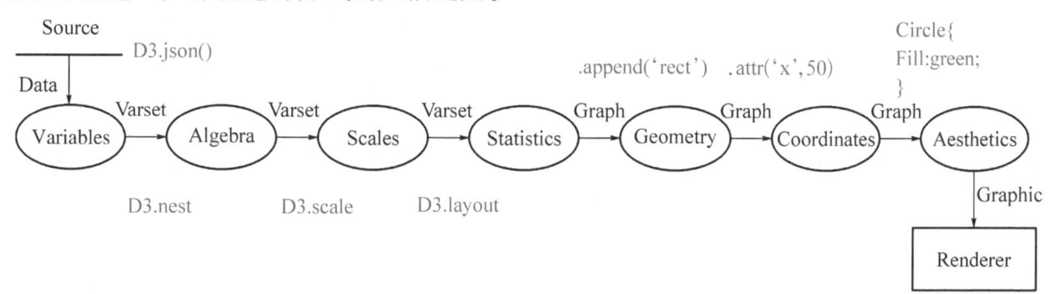


图 7-26 D3 绘制图表的流程

## 7.8 小结

- 人的视觉认知有前意识的加工，包括对颜色、形状、动态和空间位置四种属性的自动处理过程。
- 人的数据感知遵循格式塔原理，主要包括相似性原理、贴近性原理、封闭性原理、连续性原理和图形与背景的感知。每种原理都在可视化设计中有所体现。
- 颜色表达包括多种色彩空间、RGB、CMYK 和 HSV/HSL，在图形设计中用得最多的是 HSV/HSL。
- 用多色相的情况下，要注意颜色的种类、视觉编码和数据类型的匹配关系。
- 颜色选用时要注意视觉缺陷人群的认知，尽量参考配色网站。
- 通过数据墨水比率来表示图表的有效性，尽量减少与数据表达无关的图表装饰。
- 用失真系数表现图表的准确性，需要设计合适的图表，保持失真系数在 1 附近。
- 图形语法的主要思想是内容与审美的分离，数据和视觉表达方式区分开来。
- 很多图形工具包括 D3 的设计思想来自图形语法，能够生成灵活的可视化作品。

扫码得第 8 章
全部彩图

# 第 8 章

# D3. js 完成基本图表

## 学习目标

➤ 了解 D3. js 绘图中的比例尺、坐标轴、路径以及布局等概念
➤ 了解通过 D3. js 完成基本图表绘制的方法

## 能力目标

➤ 能够通过 D3. js 完成基本图表、柱形图、散点图、折线图、区域图以及饼图等

# 8.1 比例尺

在可视化中,需要将某一个区域的值映射到另一区域,D3 提供了这种转换方法,称为比例尺(scale)。原始的数据范围称为定义域(D3 中用 domain),映射到的数据范围称之为值域(D3 中用 range)。

为什么需要使用比例尺呢?我们在视觉编码中阐述过,我们对应连续数据到位置,如果数据太大,画布就不够用了。因此需要通过比例尺将数据和位置关系进行对应,并使其大小关系不变。或是通过颜色饱和度对离散数据进行编码,同样需要用比例尺将两者对应起来。

在图表选择中,我们提到过比例尺有很多种,如线性比例尺、指数比例尺和对数比例尺等等,在 D3 中都有对应的函数。

**1) 线性比例尺**

在如下图中的代码 d3.scaleLinear 定义的比例尺中,定义域包括数据集中的最小值到最大值,映射到值域中为 0 到 300。因此可以看到函数中最小值通过比例尺转换为 0,最大值转换为 300,中间值转换为 150。

```
vardataset = [0.1,0.5,0.6,1.3,2.5,2.0];
varmin = d3.min(dataset);
varmax = d3.max(dataset);
varlinear = d3.scaleLinear()
        .domain([min,max])
        .range([0,300]);
vary1 = linear(0.1);//返回 0
vary2 = linear(2.5);//返回 300
vary3 = linear(1.3);//返回 150
```

**2) 序数比例尺**

同样,还有针对分类数据或有序数据的序数比例尺,它的定义域和值域都是离散的。

```
varindex = [0,1,2,3,5];
varfruit = ["apple","orange","pineapple","mango","strawberry"];
varordinal = d3.scaleOrdinal()
        .domain(fruit)
        .range(index);
vary1 = ordinal("apple");//返回 0
vary2 = ordinal("orange");//返回 1
vary3 = ordinal("strawberry");//返回 5
```

### 3）Band 比例尺

还有一种常用的比例尺为 band 比例尺，是将值域自动划分成分开的区域，还可以接受间隔的参数设置 padding 或 paddingInner，paddingOuter，以百分比形式确定 band 之间和两段的间隔，如图 8 -1 所示。rangeRound 代表在分割的时候做取整操作。映射关系返回 band 的起点。

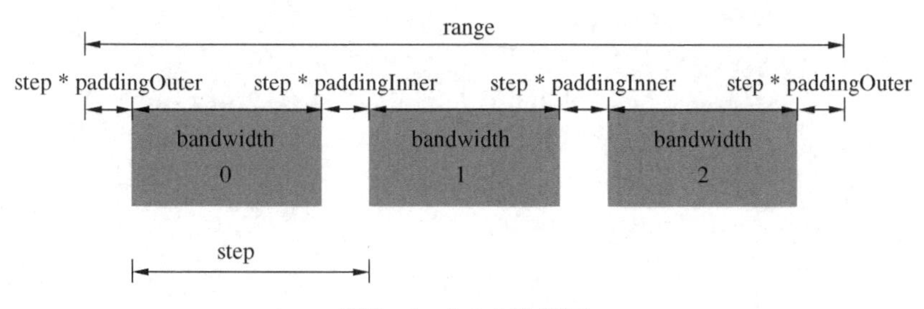


**图 8 -1　band 比例尺**

下例中，通过 band 比例尺，把五种水果映射到 0 到 100 的范围。

```
varfruit = [ "apple","orange","pineapple","mango","strawberry"];
varoutBand = [0,100];
varbandScale = d3.scaleBand()
            .domain(fruit)
            .rangeRound(outBand)
            .padding(0.1);
vary1 = bandScale("apple");//返回 3
vary2 = bandScale("pineapple");//返回 41
vary3 = bandScale("strawberry");//返回 79
```

在第五章中，我们用 D3 绘制了条形图，如果我们采用了比例尺就能不受限于数据本身完成图形绘制了。我们可以根据比例尺绘制矩形的宽度，反映数据的编码，如例 8 -1 所示。

**【例 8 -1】**　绘制设置了线性比例尺的柱状图。

```
var dataset = [240,150,200,250,130,90];
   var min = d3.min(dataset);
   var max = d3.max(dataset);
var linear = d3.scaleLinear()
          .domain([min,max])
          .range([100,500]);
var rectHeight = 25;
svg.selectAll("rect")
   .data(dataset)
   .enter()
   .append("rect")
   .attr("x",20)
   .attr("y",function(d,i){
```

```
        return i* rectHeight;
    })
    .attr("width",function(d){
        return linear(d);
    })
    .attr("height",rectHeight -2)
    .attr("class","rect-bar");

svg.selectAll("text")
        .data(dataset)
        .enter()
        .append("text")
        .text(function(d){return d;})
        .attr("x",function(d){
            return 20 + linear(d);
        })
        .attr("y",function(d,i){
            return i* rectHeight + rectHeight -2;
        })
        .attr("text-anchor","start");
```

以上例子完成的柱状图如图 8－2 所示。

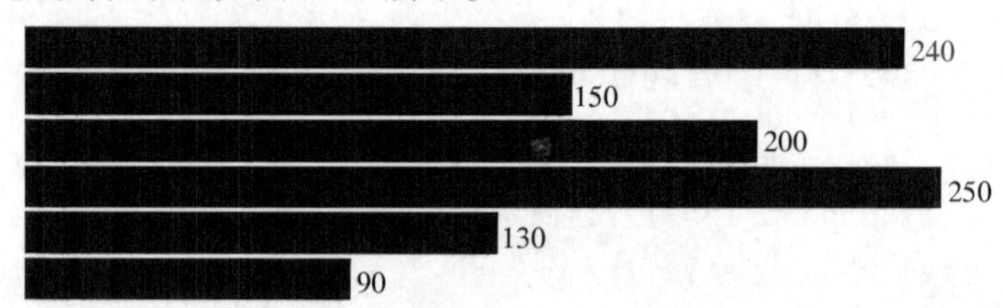


图 8－2　例 8－1 绘制的柱状图

## 8.2　坐标轴

坐标轴是图标中非常常见的组件,包括线段和文字,如果直接用 SVG 绘制,还是非常烦琐的。D3 提供了简单的制作坐标轴的方法,配合比例尺,通过几行代码就能生成各种坐标轴了。

继续以条形图为例,我们需要首先定义一个坐标轴,是利用已经定义的线性比例尺,绘制一个水平方向的坐标轴,并且刻度方向向下。采用 axisBottom 生成这个坐标轴,并用比例尺作为参数。

```
varaxis = d3.axisBottom(linear);
```

刻度点的大体个数会根据这个数据大致平分值域,产生对应的刻度。

```
axis.ticks(10);
```

然后我们需要在 SVG 画布中绘制坐标轴。通常的做法是新建一个 g 元素来控制所有坐标轴的元素。因此先增加一个 g 元素,设定样式,并平移到坐标轴需要放置的位置。绘制的方法可以用常见的. call( axis),如图 8 - 3 所示。

```
svg .append("g")
    .attr("class","axis")
    .attr("transform","translate(20,160)")
    .call(axis);
```

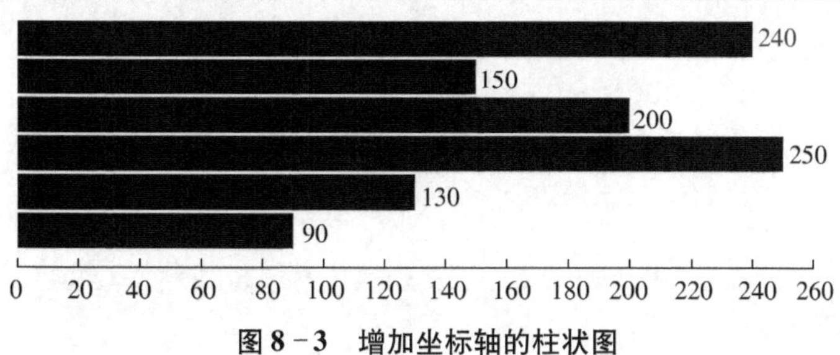


图 8 - 3　增加坐标轴的柱状图

## 8.3　柱形图

有了坐标轴和比例尺之后,我们就可以正式开始完成图形的绘制了。首先我们继续完善上面的柱形图。除了已经绘制的 $x$ 轴的坐标轴,我们还需要 $y$ 轴的坐标轴,$y$ 轴是对各类水果设定坐标轴,我们应该选择 band 比例尺,平分图表的高度。

```
//y 轴是 band 比例尺
varyScale = d3.scaleBand()
            .domain(fruit)
            .range([0,height])
            .padding(0.3);
```

设置 $y$ 轴的坐标轴,使用 yScale 比例尺,刻度向左。

```
varyAxis = d3.axisLeft(yScale);
```

增加 g 元素,并绘制刻度尺。

```
vary = g.append("g")
       .call(yAxis);
```

在例 8 - 1 的基础上增加 $y$ 轴坐标的完整的示例如例 8 - 2 所示。

【例 8 - 2】　绘制增加 $x$、$y$ 轴的完整柱状图。

```
<!DOCTYPE html>
<html lang="en">
<head>
    <meta charset="UTF-8">
    <script type="text/javascript" src="../d3js/d3.v7.min.js"></script>
</head>
<body>
</body>
<script type="text/javascript">
    var svg = d3.select("body")
        .append("svg")
        .attr("width",800)
        .attr("height",300);
  //设置报表与 svg 容器的 margin 相当于 svg 的 padding
    var margin = {top:20,right:20,bottom:20,left:70},
        //报表的真实宽
        width = svg.attr("width") - margin.left - margin.right,
        //报表的真实高
        height = svg.attr("height") - margin.top - margin.bottom,
        //g 标签在界面中起到包裹作用,此处的 g 作为报表容器
        g = svg.append("g").attr("transform","translate(" + margin.left + ",
          " + margin.top + ")");
                var dataset = [240,150,200,250,130,90];
                var min = d3.min(dataset);
                var max = d3.max(dataset);
                //x 轴比例尺是线性比例尺
                var xScale = d3.scaleLinear()
                    .domain([0,max + 20])
                    .range([0,width - 20]);
                var xAxis = d3.axisBottom(xScale);
                xAxis.ticks(10);
                g.append("g")
                    .attr("class","axis")
                    .attr("transform","translate(0," + height + ")")//放在最下面
                    .call(xAxis);
                var fruit = ["apple","orange","pineapple","mango","strawberry",
"banana"];
                //y 轴是 band 比例尺
                var yScale = d3.scaleBand()
                    .domain(fruit)
                    .range([0,height])
                    .padding(0.3);
                var yAxis = d3.axisLeft(yScale);
```

```
    yAxis.ticks(5);
    g.append("g")
        .call(yAxis);
    //绘制柱状图
    g.selectAll("rect")
        .data(dataset)
        .enter()
        .append("rect")
        .attr("class","myrect")
        .attr("x",0)
        .attr("y",function(d,i){
            return yScale(fruit[i]);
        })
        .attr("width",function(d){
            return xScale(d);
        })
        .attr("height",yScale.bandwidth());
    g.selectAll(".mytext")
        .data(dataset)
        .enter()
        .append("text")
        .attr("class","mytext")
        .attr("x",function(d,i){
            return xScale(d);
        })
        .attr("y",function(d,i){
            return yScale(fruit[i])+yScale.bandwidth()/2;
        })
        .text(function(d){
            return d;
        });
</script>
</html>
```

最终完成的横向柱状图如图 8-4 所示。

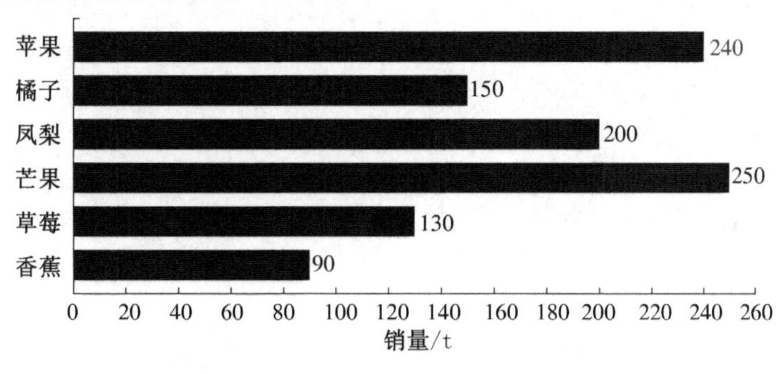


图 8-4　增加坐标轴后完整的横向柱状图

## 8.4 气泡图

掌握了比例尺和坐标轴的使用,我们已经可以完成很多简单图表了,下面这个例子就是气泡图的样例。

我们依然使用上一个例子中的数据和 $x$、$y$ 坐标轴。但是我们为气泡增加一个半径比例尺。这里注意,因为我们用面积作为视觉编码,这里半径采用的就是平方根比例尺。

```
var rScale = d3.scaleSqrt()
            .domain([0,max])
            .range([0,30]);
```

绘制气泡的部分,利用 SVG 绘制圆形,并由 $x$ 轴、$y$ 轴比例尺决定位置,$r$ 的比例尺决定半径。同样,在气泡中心显示数字。这里设置 text-anchor 属性为 middle,保证文字中心和圆心对齐,如例 8-3 所示。

**【例 8-3】** 绘制气泡图。

```
<script type="text/javascript">
    var svg = d3.select("body")
        .append("svg")
        .attr("width",800)
        .attr("height",300);
    //设置报表与 svg 容器的 margin 相当于 svg 的 padding
    var margin = {top:20,right:20,bottom:20,left:70},
        //报表的真实宽
        width = svg.attr("width") - margin.left - margin.right,
        //报表的真实高
        height = svg.attr("height") - margin.top - margin.bottom,
        //g 标签在界面中起到包裹作用,此处的 g 作为报表容器
g = svg.append("g").attr("transform","translate(" + margin.left + "," + margin.
  top + ")");
    var dataset = [240,150,200,250,130,90];
    var min = d3.min(dataset);
    var max = d3.max(dataset);
    //x 轴比例尺是线性比例尺
    var xScale = d3.scaleLinear()
        .domain([0,max + 20])
        .range([0,width - 20]);
    var xAxis = d3.axisBottom(xScale);
    xAxis.ticks(10);
    g.append("g")
```

```
    .attr("class","axis")
    .attr("transform","translate(0," + height + ")")//放在最下面
    .call(xAxis);
var fruit = ["apple","orange","pineapple","mango","strawberry","banana"];
//y 轴是 band 比例尺
var yScale = d3.scaleBand()
    .domain(fruit)
    .range([0,height])
    .padding(0.3);
var yAxis = d3.axisLeft(yScale);
yAxis.ticks(5);
g.append("g")
    .call(yAxis);
var rScale = d3.scaleSqrt()
    .domain([0,max])
    .range([0,30]);
//绘制气泡图
g.selectAll(".mycircle")
    .data(dataset)
    .enter()
    .append("circle")
    .attr("class","mycircle")
    .attr("cx",function(d){
        return xScale(d);
    })
    .attr("cy",function(d,i){
        return yScale(fruit[i]) + yScale.bandwidth()/2;
    })
    .attr("r",function(d){
        return rScale(d);
    });
//绘制气泡中心数字
g.selectAll(".mytext")
    .data(dataset)
    .enter()
    .append("text")
    .attr("class","mytext")
    .attr("x",function(d,i){
        return xScale(d);
    })
    .attr("y",function(d,i){
        return yScale(fruit[i]) + yScale.bandwidth()/2;
    })
```

```
        .attr("text-anchor","middle")
        .attr("dy",5)
        .attr("style","fill:white;")
        .text(function(d){
            return d;
        });
</script>
```

最终完成的散点图如图 8-5 所示。

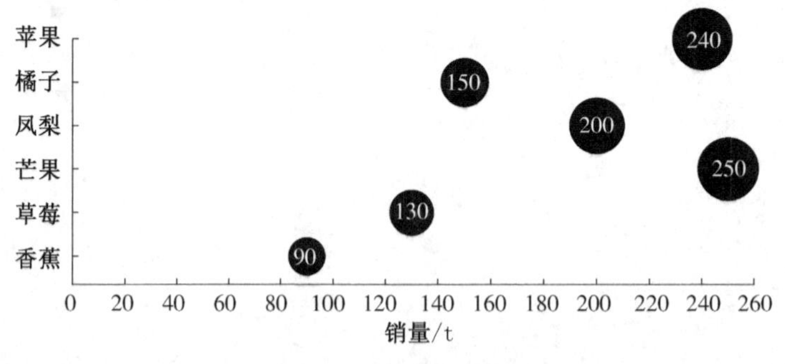


**图 8-5　绘制气泡图**

## 8.5　折线图

对于折线图,在 SVG 中,可以通过直接增加线段元素 <line> 来绘制。还有一种方法,就是使用路径元素 <path>。在这个案例里,我们用两种方法绘制折线图。

对于例 8-3,如果我们把每个点连接起来就是一种折线图了。这里计算每一个线段的起始和结束坐标完成 line 的绘制就可以了,如例 8-4 所示。

**【例 8-4】**　绘制折线图。

```
<script>
//其他代码同例 8-3
//绘制折线,x1,y1 为起始坐标 x2,y2 为结束坐标
    var xValue=0,yValue=0;
    g.selectAll(".myline").data(dataset)
            .enter().append("line")
            .attr("class","myline")
            .attr("x1",function(d){return xScale(d);})
            .attr("y1",function(d,i){return yScale(fruit[i])
             +yScale.bandwidth()/2;})
            .attr("x2",function(d,i){
              //处理最后一个
              if((i+1)>=dataset.length){
```

```
        xValue = xScale(d);
      }else{
        xValue = xScale(dataset[i +1]);
      }
      return xValue;
    })
    .attr("y2",function(d,i){
      if((i +1) > =dataset.length){
        yValue = yScale(fruit[i]);
      }else{
        yValue = yScale(fruit[i +1]);
      }
      return yValue + yScale.bandwidth()/2;
    })
    .attr("stroke","black")
    .attr("stroke-width","2");
```

形成折线图如图 8 -6 所示。

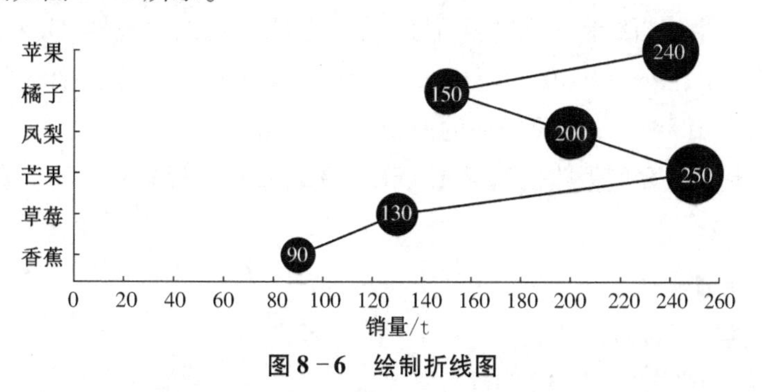


图 8 -6　绘制折线图

另一种方法,如果我们想用 path 完成折线,同样需要准备折线的各个坐标点数据。D3 提供了一种称为线段生成器的方法 d3. line。然后根据折线的各个点的坐标,自动生成折线的路径数据。以下代码可以生成四个点组成的折线图。

```
var lines = [[80,180],[100,20],[120,180],[150,20]];
var pathLine = d3.line();
var path = g.append("path")
          .attr("class","myline")
          .attr("d",pathLine(lines));
```

但是坐标点的数据需要计算的时候,我们直接修改路径生成器的坐标,这里通过访问器函数 function(d)来设置 $x$ 坐标点和 $y$ 坐标点。

```
//绘制 path 生成器
varpathLine = d3.line()
             .x(function(d){
                 return xScale(d);
```

```
        })
        .y(function(d,i){
           return yScale(fruit[i]) + yScale.bandwidth()/2;
        });
```

然后绘制折线。

```
//绘制折线
varpath = g.append("path")
         .attr("class","myline")
         .attr("d",pathLine(dataset));
```

最终通过 path 完成了折线图绘制,可以生成与图 8-6 一样的图。

## 8.6 区域图

区域图和 path 生成折线图的方法类似,但是我们需要区域生成器 d3. area。区域生成器的访问函数除了 $x$、$y$ 之外还有 $x0$、$x1$ 和 $y0$、$y1$。纵向的面积图,两条边界线同享同一个 $x$(及 $x0 = x1$),不同的是 $y0$ 和 $y1$。或是横向的面积图,正好相反。

我们继续用上面的案例做横向区域图,那么 $x0$ 永远是坐标轴最左端,同享 $y$ 轴坐标,所以区域生成器如下:

```
//绘制区域生成器
varpathArea = d3.area()
              .x1(function(d){
                  return xScale(d);
              })
              .y(function(d,i){
                 return yScale(fruit[i]) + yScale.bandwidth()/2;
              })
              .x0(xScale(0));
```

然后绘制区域。

```
//绘制区域
varpath = g.append("path")
         .attr("class","myarea")
         .attr("d",pathArea(dataset))
         .attr("style","fill:grey;");
```

最后叠加散点图,得到如图 8-7 所示的区域图,可以看到区域是用 path 完成的。

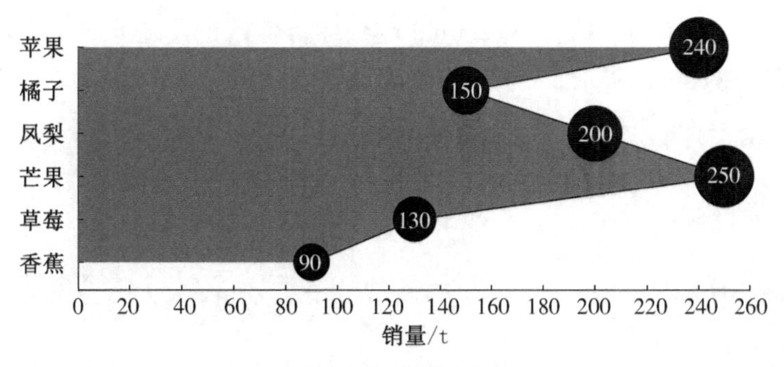


图 8-7 绘制区域图

## 8.7 饼图

饼图也是通过 path 来绘制的，但是饼图中需要利用到布局(layout)的概念。D3 通过布局能够轻松制作很多图表。但是布局不是为了绘制图形，而是为了完成数据转换。例如，对于一个数据集[10,20,30,40]，如果将此数据绘制成饼状图，是不能直接用其中的数据的，而是要把数据转换成起始角度和终止角度。布局的意义就在于计算出方便绘图的数据。

前面学习的柱状图、散点图、折线图等没有提供布局。主要是因为这三种图表足够简单，不需要进行复杂的数据转换，但是饼图、树状图、集群图、直方图、堆栈图等等，D3 都提供了布局。

我们先学习饼图的布局，饼图布局的数据按照如下格式要求提供：

```
vardataset =[["apple",100],["orange",20],
           ["pineapple",15],["mango",40],
           ["strawberry",52],["banana",30]];
```

转换数据，通过 pie 生成布局，piedata 是布局完成转换后的数据。

```
//生成饼图的布局,转换数据为 piedata
varpie = d3.pie()
        .value(function(d){
              return d[1];
        })
varpiedata = pie(dataset);
```

可以查看到 piedata 的内容是 startAngle、endAngle 等信息，如图 8-8 所示。

然后可以绘制图形，D3 通过配套的弧生成器来生成路径，首先生成弧生成器，设置内半径和外半径的大小，以及各个扇形之间的间隔角度。然后绘制扇形并增加颜色的比例尺，直接映射到默认的颜色方案。最后增加说明文字，同样需要弧生成器，只是外半径更小一点。

文字需要放到弧形的中间去,我们用 centroid 函数取得弧线的中心点,并调整文字的位置和数据。完整代码如例 8-5 所示。

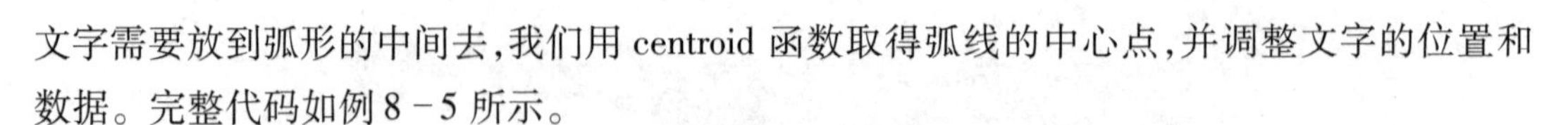

```
▼ (6) [{…}, {…}, {…}, {…}, {…}, {…}]
  ▶ 0: {data: Array(2), index: 0, value: 100, startAngle: 0, endAngle: 2.4448191856729906, …}
  ▼ 1:
    ▶ data: (2) ['orange', 20]
      endAngle: 5.916462429328638
      index: 4
      padAngle: 0
      startAngle: 5.4274985921940395
      value: 20
    ▶ [[Prototype]]: Object
  ▶ 2: {data: Array(2), index: 5, value: 15, startAngle: 5.916462429328638, endAngle: 6.283185307179586, …}
  ▶ 3: {data: Array(2), index: 2, value: 40, startAngle: 3.716125162222946, endAngle: 4.694052836492142, …}
  ▶ 4: {data: Array(2), index: 1, value: 52, startAngle: 2.4448191856729906, endAngle: 3.716125162222946, …}
  ▶ 5: {data: Array(2), index: 3, value: 30, startAngle: 4.694052836492142, endAngle: 5.4274985921940395, …}
    length: 6
  ▶ [[Prototype]]: Array(0)
```

**图 8-8　转换后的饼图数据**

【例 8-5】 绘制饼图。

```
<script>
    var dataset=[["apple",100],["orange",20],
        ["pineapple",15],["mango",40],
        ["strawberry",52],["banana",30]];

    var pie=d3.pie()
        .value(function(d){
            return d[1];
        })
    var piedata=pie(dataset);

    //console.log(piedata);

    //设置弧生成器
    var width=800,height=300;
    var outerRadius=height/3;
    var innerRadius=0;

    var svg=d3.select("body")
        .append("svg")
        .attr("width",width)
        .attr("height",height);

    g=svg.append("g").attr("transform","translate("+width/2+",
"+height/2+")");

    var arc=d3.arc()
        .innerRadius(innerRadius)
        .outerRadius(outerRadius)
        .padAngle(0.02);
    //增加色彩的比例尺
    var color=d3.scaleOrdinal().range(d3.schemeCategory10);
```

```
    //绘制弧线
    var arcs = g.selectAll("g")
      .data(piedata)
      .enter()
      .append("g");
    arcs.append("path")
      .attr("fill",function(d,i){
          return color(i);
      })
      .attr("d",function(d){
          return arc(d);
      });
    //文字的生成弧,内边缘小 40 像素
    var label = d3.arc()
      .innerRadius(outerRadius - 40)
      .outerRadius(outerRadius)
      .padAngle(0.05);
    //增加文字,放到弧形的中心
    arcs.append("text")
      .attr("transform",function(d){return"translate(" + label.centroid(d)
+ ")";})
      .attr("text-anchor","middle")
      .attr("class","mytext")
      .text(function(d){
          return d.data;});
</script>
```

最终生成的饼图如图 8－9 所示。我们可以看到每个扇形对应的 path 和 text 元素。

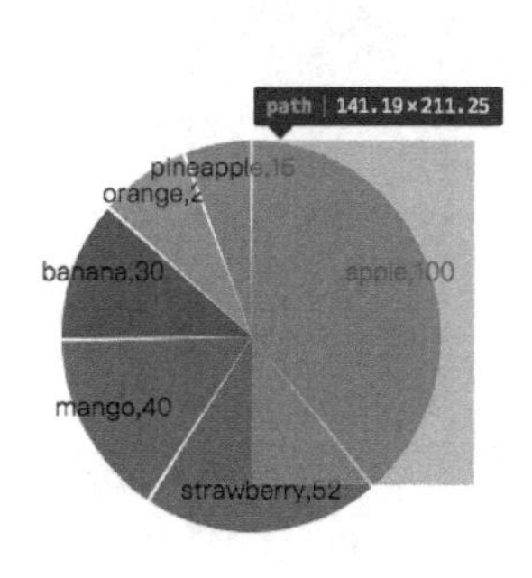


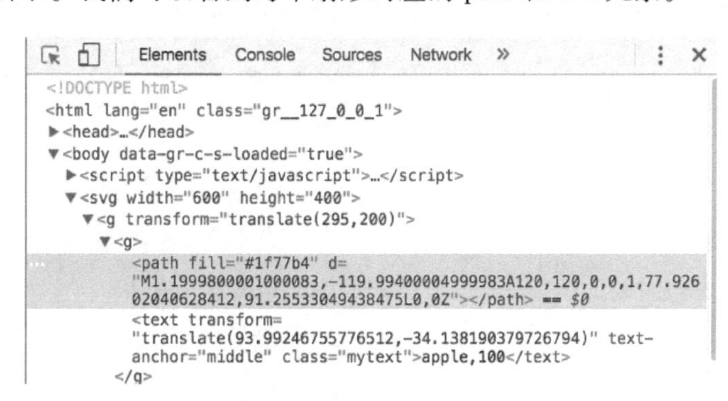


**图 8－9 绘制的饼图**

## 8.8 数据加载

我们已经通过 D3 完成了很多基本的图形,但是我们都是用 HTML 代码中的简单数据完成的。实际情况下,大部分数据都是保存在服务器的文件中,我们需要进行数据加载,再完成简单的处理才能进行可视化绘制。

D3 针对不同类型的文件封装了不同的加载方法,包括:

✓ D3.json():请求 JSON 文件

✓ D3.csv(),D3.tsv():请求 csv 或是 tsv 的表格文件

✓ D3.xml():请求 xml 文件

✓ D3.html:请求 html 文件

✓ D3.text:请求 txt 文件

这里我们以 csv 格式为例子。csv 文件(格式逗号分隔值)是以纯文本形式存储表格数据的,每个单元格之间用逗号(comma)分隔,如图 8-10 所示。

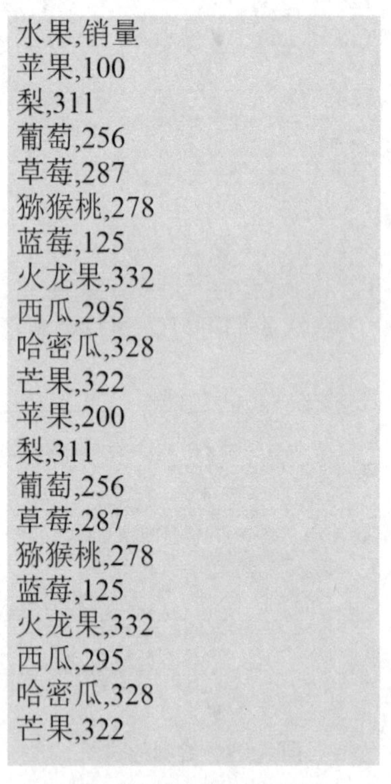

```
水果,销量
苹果,100
梨,311
葡萄,256
草莓,287
猕猴桃,278
蓝莓,125
火龙果,332
西瓜,295
哈密瓜,328
芒果,322
苹果,200
梨,311
葡萄,256
草莓,287
猕猴桃,278
蓝莓,125
火龙果,332
西瓜,295
哈密瓜,328
芒果,322
```

**图 8-10 csv 文件格式**

我们通过如下的 D3 方法,把 csv 文件读取到数组中,因为读取是异步函数,通常都是在函数内完成数据处理和显示,保证此时数据已经完成读取,如图 8-11 所示。

```
async function visual (){
        const data = await d3.csv("../data/fruits.csv");
        console.log(data);
    }
visual();
```

```
▼(20) [{…}, {…}, {…}, {…}, {…}, {…}, {…}, {…}, {…}, {…}, {…}, {…}, {…},
 {…}, {…}, {…}, {…}, {…}, {…}, {…}, columns: Array(2)]
  ▶0: {水果: '苹果', 销量: '100'}
  ▶1: {水果: '梨', 销量: '311'}
  ▶2: {水果: '葡萄', 销量: '256'}
  ▶3: {水果: '草莓', 销量: '287'}
  ▶4: {水果: '猕猴桃', 销量: '278'}
  ▶5: {水果: '蓝莓', 销量: '125'}
  ▶6: {水果: '火龙果', 销量: '332'}
  ▶7: {水果: '西瓜', 销量: '295'}
  ▶8: {水果: '哈密瓜', 销量: '328'}
  ▶9: {水果: '芒果', 销量: '322'}
  ▶10: {水果: '苹果', 销量: '200'}
  ▶11: {水果: '梨', 销量: '311'}
  ▶12: {水果: '葡萄', 销量: '256'}
  ▶13: {水果: '草莓', 销量: '287'}
  ▶14: {水果: '猕猴桃', 销量: '278'}
  ▶15: {水果: '蓝莓', 销量: '125'}
  ▶16: {水果: '火龙果', 销量: '332'}
  ▶17: {水果: '西瓜', 销量: '295'}
  ▶18: {水果: '哈密瓜', 销量: '328'}
  ▶19: {水果: '芒果', 销量: '322'}
  ▶columns: (2) ['水果', '销量']
   length: 20
```

**图 8－11　csv 文件读取**

读入 csv 的同时，我们会做一些简单的预处理。前面的例子中，我们可以对读取的数据进行预处理，只过滤出水果种类中苹果的数据，然后在处理过程中，data 就只包含过滤后的数据，如图 8－12 所示。

```
async function visual (){
        const data = await d3.csv("../data/fruits.csv",function (d){
          if(d["水果"] = = "苹果"){
            return d;
          }
        });
        console.log(data);
    }
visual();
```

```
▼(2) [{…}, {…}, columns: Array(2)] ℹ
  ▶0: {水果: '苹果', 销量: '100'}
  ▶1: {水果: '苹果', 销量: '200'}
  ▶columns: (2) ['水果', '销量']
   length: 2
  ▶[[Prototype]]: Array(0)
```

图 8－12 数据过滤结果

## 8.9 小结

- 通过 D3 进行图形绘制，需要设置合适的比例尺和坐标轴，可以绘制柱形图、散点图。
- 对于线图和区域图，可以用合适的路径生成器生成路径数据，完成绘制。
- 对于饼图等复杂图形，要先根据布局转换数据到合适的格式，再用路径生成器生成路径，完成最终的绘制。
- D3 封装了很多方法，可以直接读取数据，并做一定的预处理。

扫码得第9章
全部彩图

# 第9章

# 时序数据的可视化

## 学习目标

- 了解常用的时序数据的可视化方法
- 了解时序数据的可视化注意事项
- 完成部分常见的时序数据的可视化图表

## 能力目标

- 能够根据数据选择合适的时序数据可视化图表
- 能够设计合适的时序数据可视化图表
- 能够完成常用的时序数据可视化图表

## 9.1 时序数据的表现方法

我们知道,任何可视化的基础是对数据的理解。针对不同类型的数据,我们采用不同的可视化方法。因此,从这一部分开始,我们针对不同场景的数据介绍各自的可视化的表现方法和实现。

首先,时间是一种非常重要的数据维度和属性,我们能收集到的大量数据都是随着时间变化而变化的,我们称这种带有时间属性的数据为时序数据。时序数据可以细分为两类:

- 以时间轴排列的时间序列:例如摄像机采集的视频序列、各种传感器设备获取的检测数据、股市股票交易数据、各地观测的天气数据、奥运会比赛日程数据等等。
- 不以时间为变量,但是具有内在的排列顺序的数据:例如文本、生物 DNA 测序等。这类数据的变化顺序可以映射到时间轴进行处理。

这两类数据在实际应用中量非常大,类型丰富,特别在物联网和移动互联网时代,采集和产生的大量数据都是包含时间属性的数据。

时间属性分为几种类型,包括线性的、周期性的和多角度多分支的。

### 9.1.1 线性时间

不同类别的时序数据采用不同的可视化方法表示。对于线性的时序数据,主要观察随着时间推移而变化的模式,通常可以用长度、方向和位置这些视觉编码方式。

如果希望对比离散的时间点之间的数据差别,我们可以用柱状图。但是如果更希望表现随着时间数据的趋势走向,用折线图就更明显。同样如果需要注重表达每个数据并且在数据量并不是很大的情况下,我们可以采用散点图,并用折线连接起来凸显趋势。还有一种点线图,相对于柱状图,更聚焦于断点的数据。我们可以根据实际的数据量和希望表达的方式,选用不同的方式,如图 9－1 所示。

如图 9－2 显示的是 1948 年到 2012 年美国的失业率。上图是月环比数据,因为数据点密集,看起来像是连续的数据,而下图是每年一月份的失业率,条形之间有较大的空隙,更容易区分每个数据点。这里就和数据测量的密集程度有关,如果展现趋势,还是用折线图更为明显。

如果有多个变量随着时间变化,我们可以采用堆叠流图的方式来表现。这种堆叠流图方法既可以显示总量,又可以显示各个时序数据之间的对比。而且每个时间流的分段标签更加易读,还可以区分不同的层次,具有美感,常用于时间流数据的可视化。

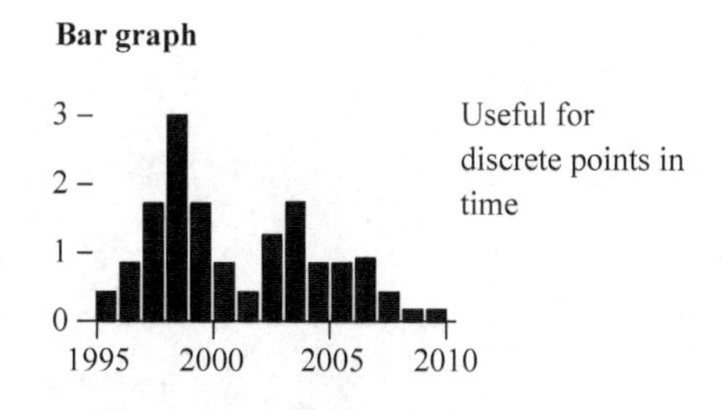


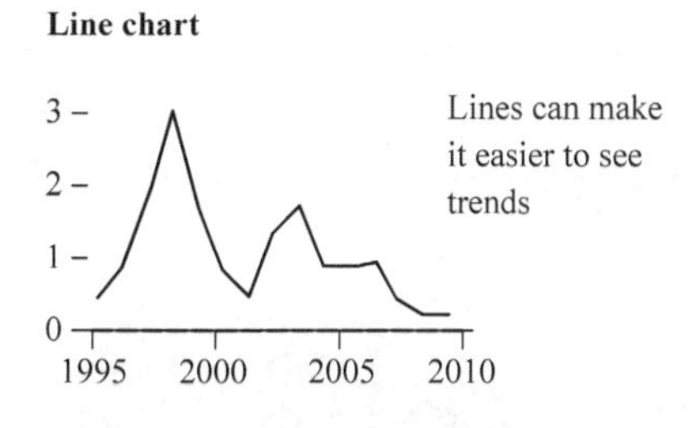


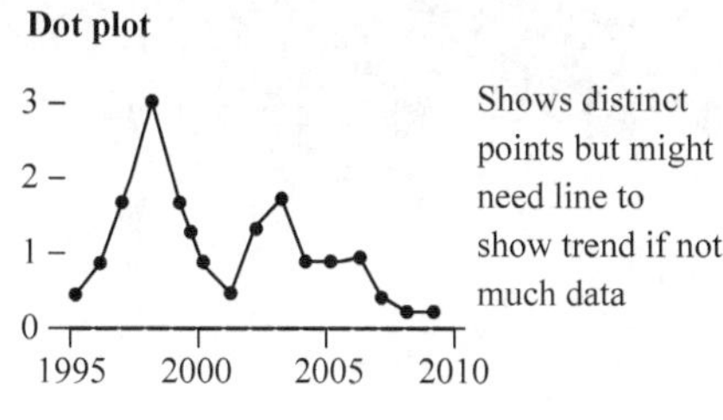


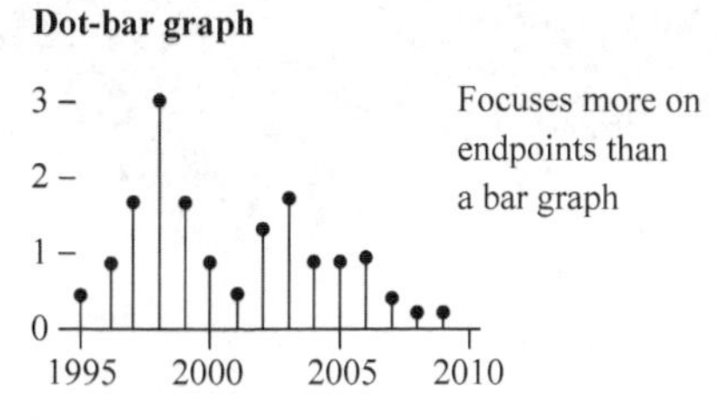


**图 9－1　不同类型时序数据的可视化表示**

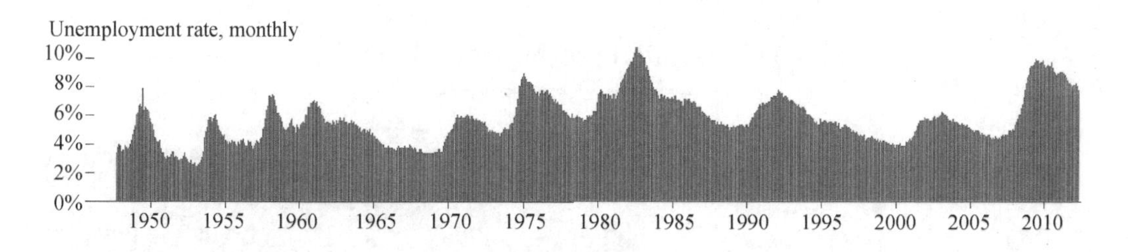


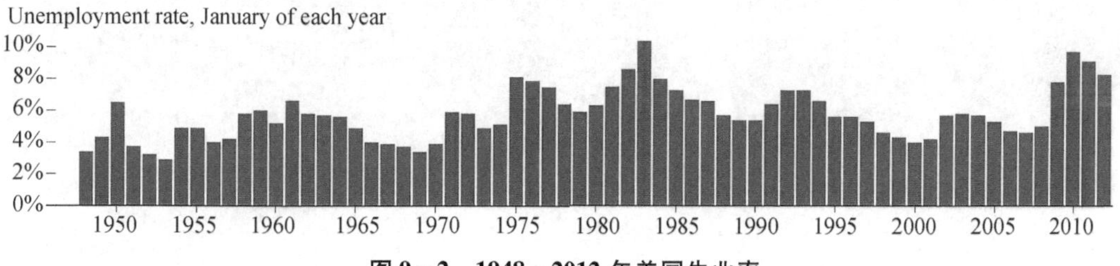


**图 9－2　1948—2012 年美国失业率**

图 9－3 是美国《纽约时报》刊登的采用光滑曲线形状的流图可视化表示 1986—2008 年间卖座电影的票房数据，可以快速定位哪些电影特别卖座，以及电影持续的时间。

图 9－4 是用堆叠图表达历年夏季奥林匹克运动会中各个国家获得奖牌的情况。可以明显看出来各个国家获得奖牌的变化，以及奥林匹克运动逐渐变成一个世界级赛事的过程。此外还有一些因为世界大战和世界政治格局变化而导致的特殊年份。

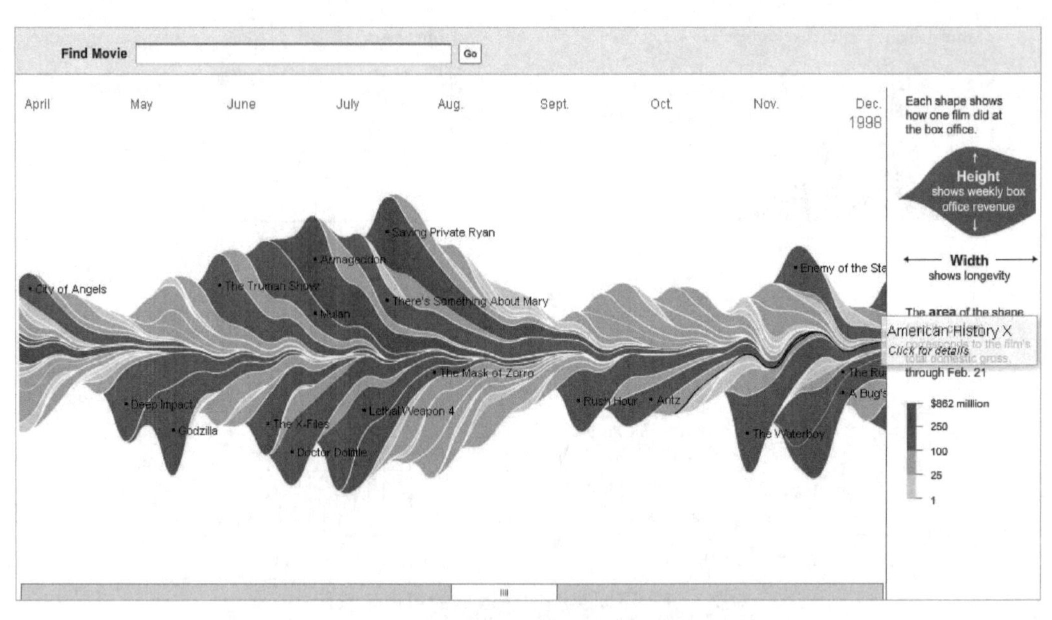


图 9－3　1986—2008 年美国卖座电影票房

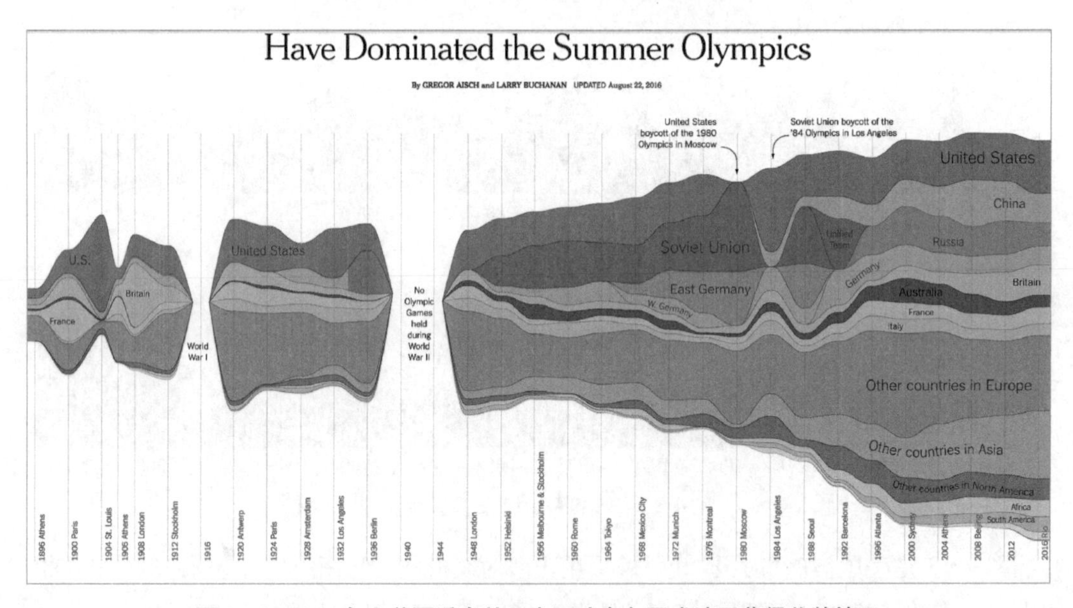


图 9－4　2016 年之前夏季奥林匹克运动会各国或地区获得奖牌情况

## 9.1.2　周期时间

自然界的过程具有循环性，比如一天中的时间、一周中的每一天、一年中的每个月都在周而复始。对应时序数据来说，非常多的数据都有周期规律。如果我们对齐这些时间段，对发现这些规律通常是有好处的。

例如图 9－5 是美国运输局的航班数据，通过折线图可以发现很强烈的周期性，即每周六的航班最少。

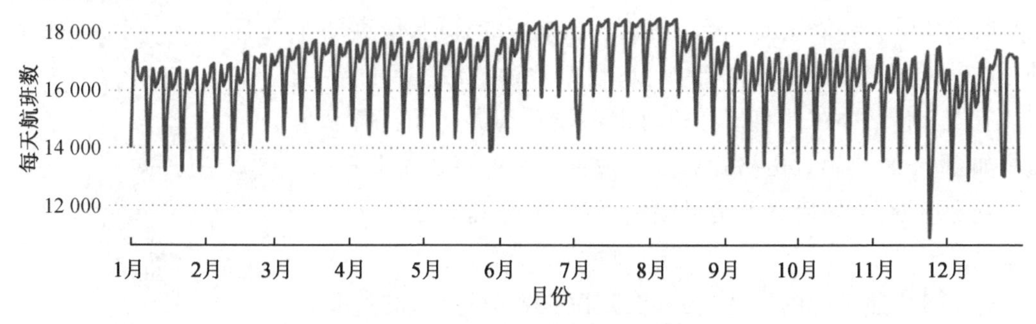


**图 9－5　美国运输局某年航班数据**

如果把这个折线图变成极坐标，也可以看出这个周期规律。一个点越接近中心，数据值就越小，离中心越远，数据就越大(如图 9－6)。

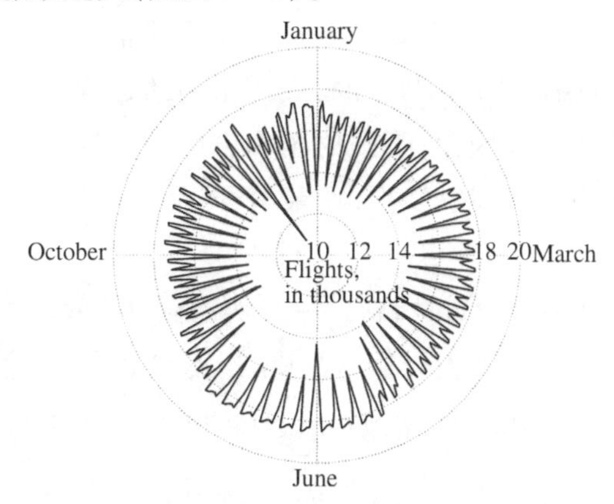


**图 9－6　美国运输局某年航班数据(极坐标)**

因为数据的周期性非常明显，我们把折线图按照每周分段，并折叠显示出来，图 9－7 是以周为坐标的折线图和星状图，就能更加明显地看出每周六航班显著减少的规律。

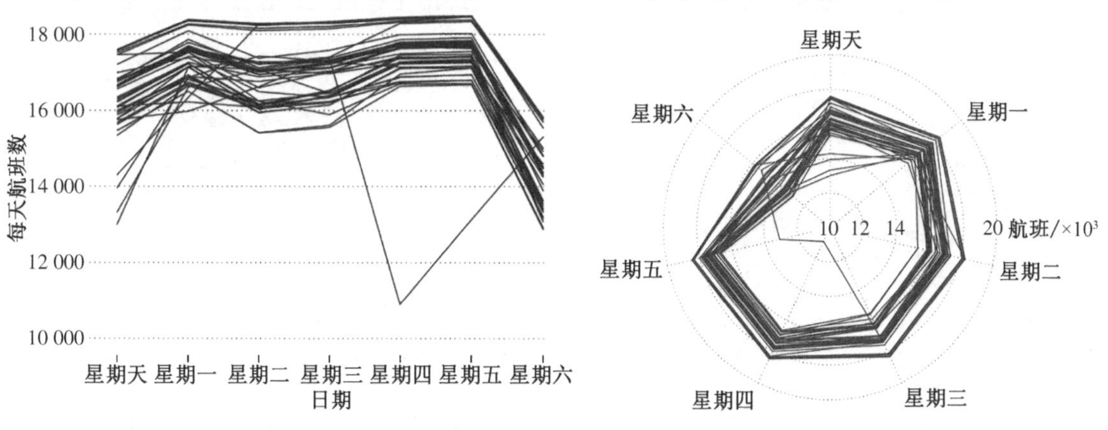


**图 9－7　美国运输局某年航班数据(按周分段)**

从图 9－7 中我们还能看到一些非常明显的异常值，有一个周四和周五的值比平时都要低很多。还有四个星期日的值比平时也要低。如果想进一步了解这些异常值的日期，最直接的办法就是回到数据中查看最小值，数据永远是最重要的参考。有没有什么办法能直接知道日期还能看到数据呢？通常就是如图 9－8 使用日历格式展示的数据。第一列是星期日，第二列是星期一，最后一列是星期六，每一个分隔的区域代表一个月。

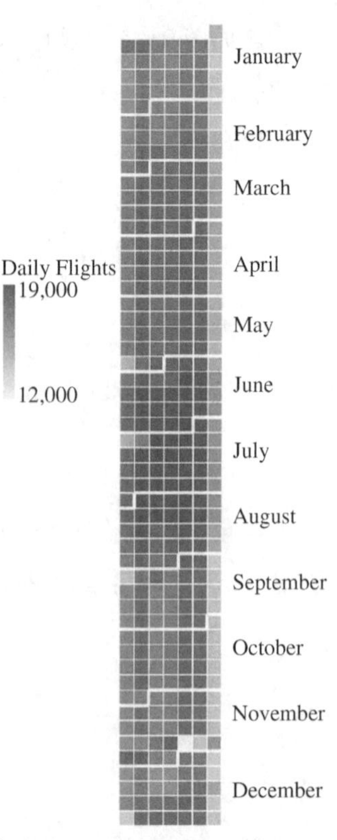

**图 9－8　美国运输局某年航班数据（日历热区图）**

这种日历热区图的好处是，从头到尾查看数据周期时，非常容易在行和列中间找到指定的日期，也就容易知道每一个数值对应具体的哪一天。比如，上一个数据值特殊的日子都出现在美国节假日的前一天。

但是这种日历热区图的缺点是，用颜色饱和度作为视觉编码，难以区分数据之间比较细小的差异。而折线图采用的是位置作为视觉编码，就非常明显。因此，不同的图表表达方法各有利弊，我们应该从多个角度来观察数据，用最适合说明问题的方法来展示数据。

当然也可以用色相和饱和度同时编码数据，例如图 9－9 是道琼斯股票指数的变化数据，我们采用日历热区图，红色代表下跌，绿色代表上涨，就能够非常明显地看出 2008 年 10 月金融危机爆发前后美国股市的剧烈波动状况。

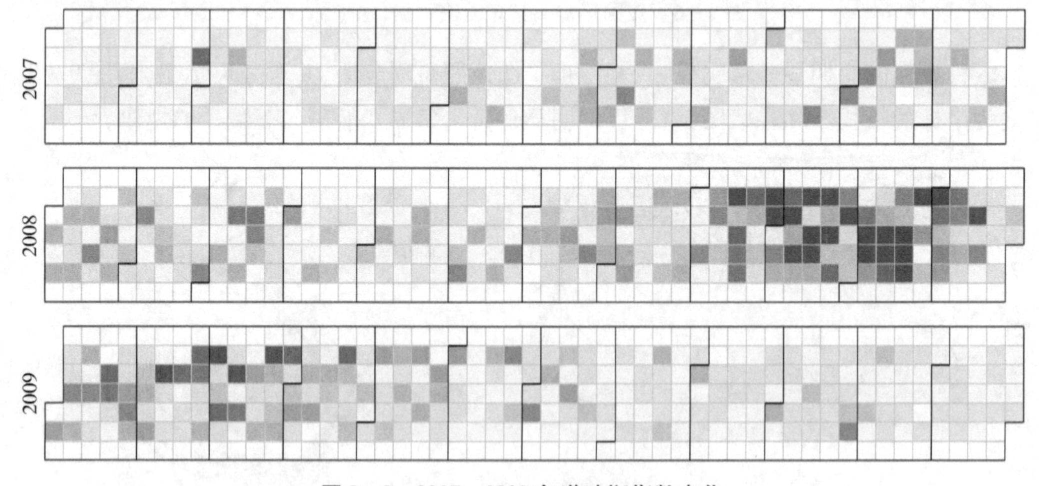

**图 9－9　2007—2009 年道琼斯指数变化**

还有一种数据，我们希望展示月份和星期之间的周期规律，可以用特殊的环形日历图，每个月作为一个环，并把星期对齐，如图 9－10 所示。

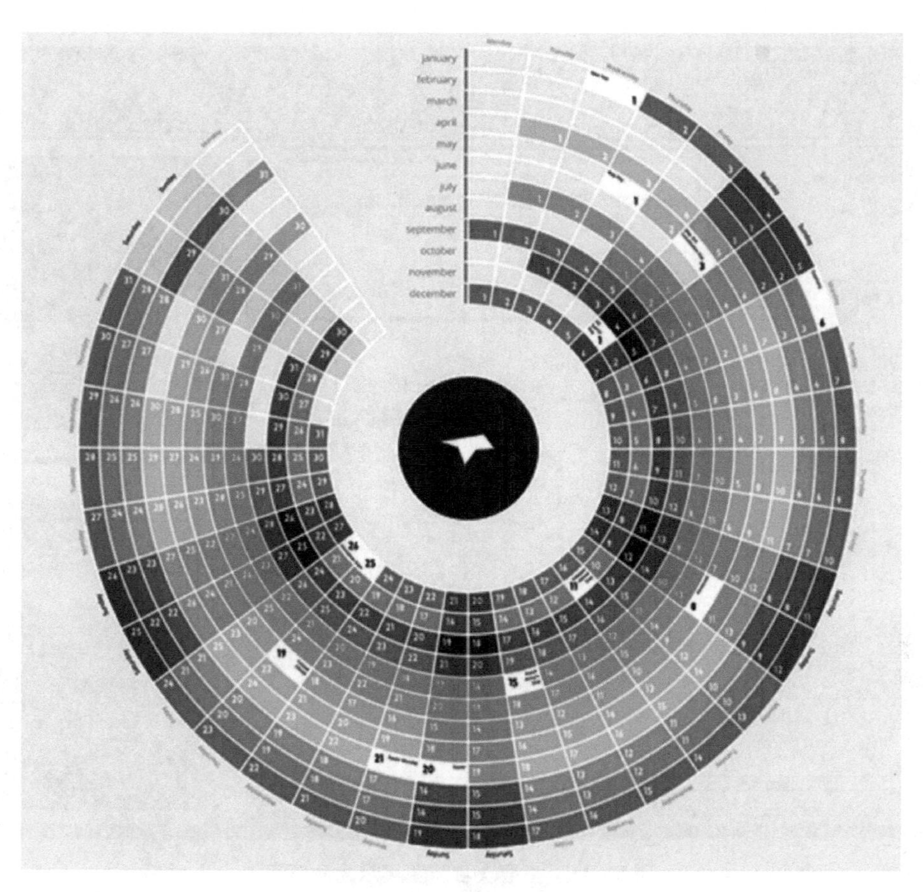


图9-10 环形日历图

## 9.1.3 多分支和多角度时序数据

类似于叙事小说,很多时序数据中也存在着对信息的分支结构,对同一个事件也可能存在多个角度的表达,按照时间组织结构,可以分为线性、流状、数状、图状等类型。

例如,为了呈现一个完整的事件历程,可以采用类似甘特图的方式。图9-11就是展现个人健康记录的信息可视化系统lifeline的表达方式。通过并列的多层次甘特图展示了生命的历程。我们可以观察某个时间点的所有医疗事件的细节,也可以查看某个时间的整体经过。

针对流状分支的时序数据,通过河流隐喻了随着时间流动、合并、交叉和消失的情况,类似于小说或电影中的叙事主线。例如,在软件开发协作的关系中,每个开发人员在开发过程中用一条线表示,当两个程序员同时开发同一个模块的时候,他们的线条合并。可视化学者Michael Owaga开发的Storylines软件读入了软件版本的控制系统日志,读取了开发者的信息和写作过程,绘制了软件开发历程图。图9-12是Apache的开发进程,可以看出不同时期开源社区的开发者的贡献情况。

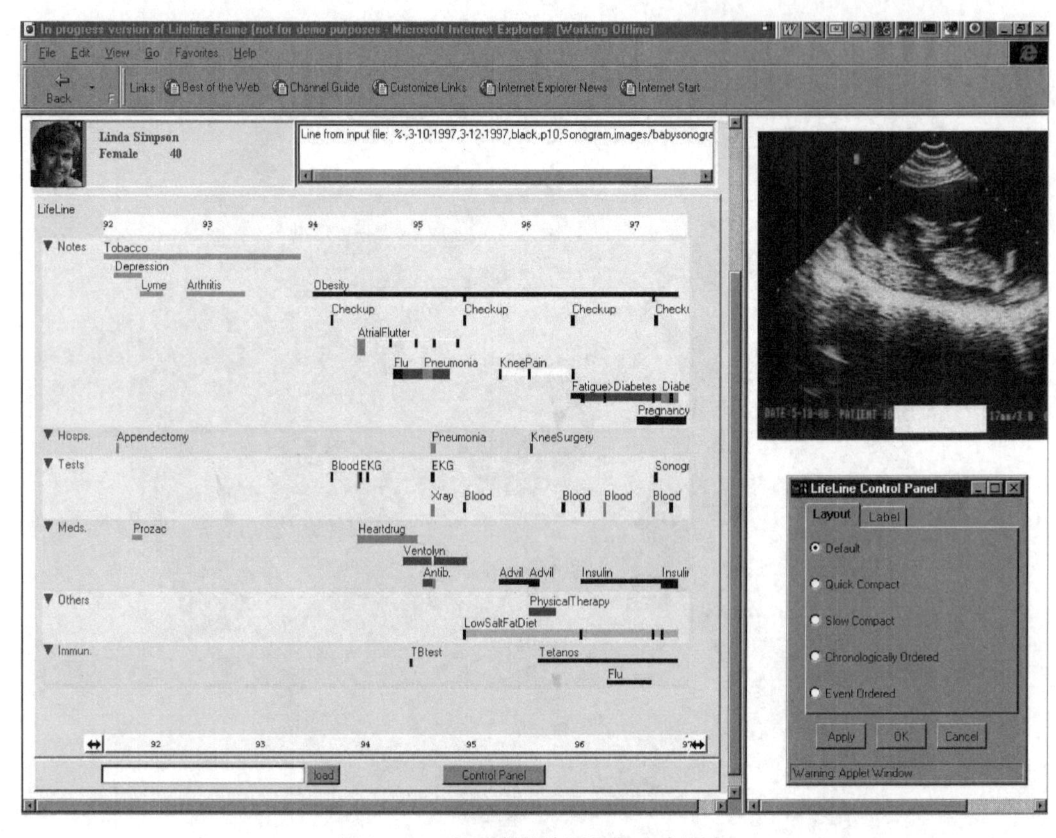


图 9－11 多层次甘特图展示生命历程

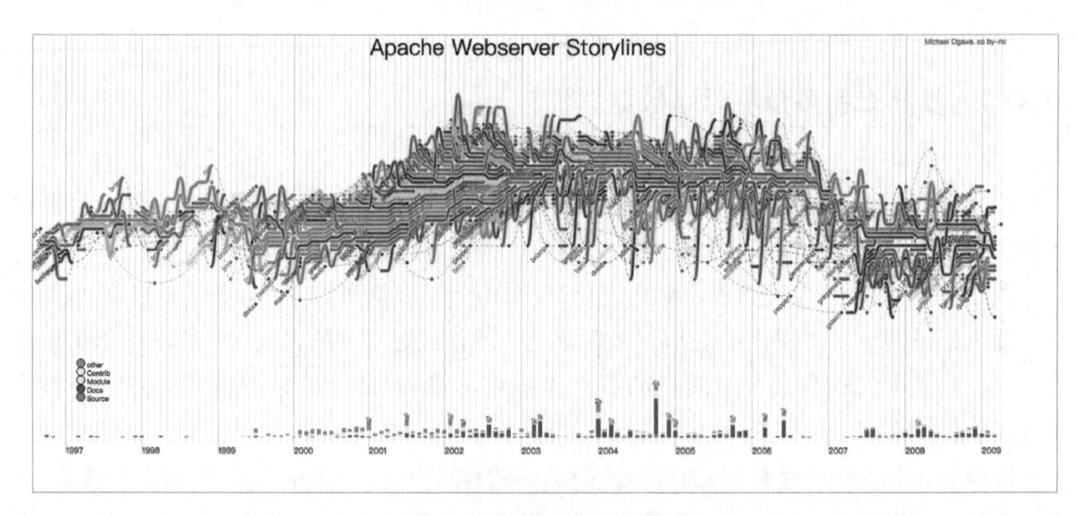


图 9－12 Apache 开发历程

## 9.2　时间序列的可视化实现

### 9.2.1　时间线图

我们这里获取了上海地区某一天的各类天气数据,查看一下各区的 24 小时温度差异的对比,采用线图来完成。

首先,从 csv 文件读取数据,并进行简单处理,把时间数据格式化,并将所有的字段数据转换成数值,然后通过 d3. group( )把各个站点的数据完成汇总。

其次,确定比例尺,包括时间轴比例尺 scaleTime( )、线性比例尺 scaleLinear( ),以及分类比例尺 scaleOrdinal( )映射各个区。设置比例尺的定义域 domain,$x$ 表示时间,$y$ 表示温度。然后通过线生成器 d3. line( )设定绘制路线,这里通过 curve 将路径折线设为曲线。

最后,进行图形绘制。先绘制坐标轴,再通过线段路径生成器绘制曲线。完整代码如例 9 - 1 所示。其中,增加绘制了图例。

**【例 9 - 1】** 绘制上海地区某一天各区温度变化折线图。

```
<script>
    async function ShangHai(){
        var svg = d3.select("body")
            .append("svg")
            .attr("width",1000)
            .attr("height",400);
        //设置报表与 svg 容器的 margin 相当于 svg 的 padding
        var margin = {top:20,right:60,bottom:30,left:30},
            //报表的真实宽
            width = svg.attr("width") - margin.left - margin.right,
            //报表的真实高
            height = svg.attr("height") - margin.top - margin.bottom,
            //g 标签在界面中起到包裹作用,此处的 g 作为报表容器
g = svg.append("g").attr("transform","translate(" + margin.left + ",
" + margin.top + ")");
        //读取 csv 数据
        var parseTime = d3.timeParse("% Y% m% d% H% M");
        const data = await d3.csv("../data/ShangHaiWeather.csv",function(d,
i,columns){
            if(d["时间"].indexOf("20150701") > =0){
                d["时间"] = parseTime(d["时间"]);
```

```
            //数据加载的时候,字段都是字符串,现在将数值型的数据进行转换
            for(var j=2;j<columns.length;j++){
                d[columns[j]] = +d[columns[j]]
            }
            return d;
        }
    });
    //分组处理数据
    var groupData = d3.groups(data,(d) => d["站点"]);
    console.log(groupData);
    //设置比例尺
    var x = d3.scaleTime().rangeRound([0,width]),//现在x显示时间
        y = d3.scaleLinear().rangeRound([height,0]),//由于画布的坐标原点
是左上角 故此处为height→0
        z = d3.scaleOrdinal(d3.schemeCategory10);//各个区
    //设置比例尺的定义域
    x.domain(d3.extent(data,function(d){return d['时间']}));
    y.domain([d3.min(groupData,function(gd){return d3.min(gd[1],
function(d){return d['温度'];})}),
        d3.max(groupData,function(gd){return d3.max(gd[1],function(d)
{return d['温度'];})})
    ]);
    z.domain(groupData.map(function(d){return d[0]}));
    var linePath = d3.line()
        .curve(d3.curveCatmullRom.alpha(0.5))//设置线条弯曲方式
        .x(function(d){return x(d['时间'])})
        .y(function(d){return y(d['温度'])});
    //绘制X轴
    g.append("g")
        .attr("class","axis axis-x")
        .attr("transform","translate(0," + height + ")")
        .call(d3.axisBottom(x).ticks(24));
    //绘制Y轴
    g.append("g")
        .attr("class","axis axis-y")
        .call(d3.axisLeft(y).ticks(10))
        .append("text").attr("transform","translate(-10,0)").text("℃")
        .attr("fill","#383838");
    var region = g.selectAll("region-g")
        .data(groupData)
        .enter().append("g")
        .attr("class","region-g");
    //绘制曲线
```

```
      region.append("path")
         .attr("class","region-line")
         .attr("id",function(d,i){
            return "region-line" + i;
         })
         .attr("d",function(d){
            return linePath(d[1]);
         })
         .attr("stroke",function(d){
            return z(d[0]);
         })
         .attr("stroke-width",'2')
         .attr("fill",'none')
      //绘制图例图形
      var legendSize = 15,legendOffset = 6;
      region.append("rect")
         .attr("class","region-legend")
         .attr("transform",function(d,i){
           return " translate ( " + (width + legendOffset) + "," + (i *
(legendSize + legendOffset)) + ")";
         })
         .attr("width",legendSize)
         .attr("height",legendSize)
         .attr("fill",function(d){return z(d[0])});
      //绘制图例中的文字
      region.append("text")
         .attr("class","region-label")
         .attr("class","region-label")
         .style("font","10px sans-serif")
         .attr("dy","1.12em")
         .attr("transform",function(d,i){
            return "translate(" + (width + legendOffset * 2 + legendSize)
+ "," + (i* (legendSize + legendOffset)) + ")";
         }).text(function(d){return d[0]})
      //调整 x 坐标轴的文字角度
      g.select(".axis - x").selectAll("text")
         .attr("transform","rotate(45)")
         .attr("x","10")
         .attr("y","10");
   }
   ShangHai();
```

最终的图表如图 9 - 13 所示。大家可以考虑一下是否还有优化的可能,还可以怎么优化,怎么修改代码。

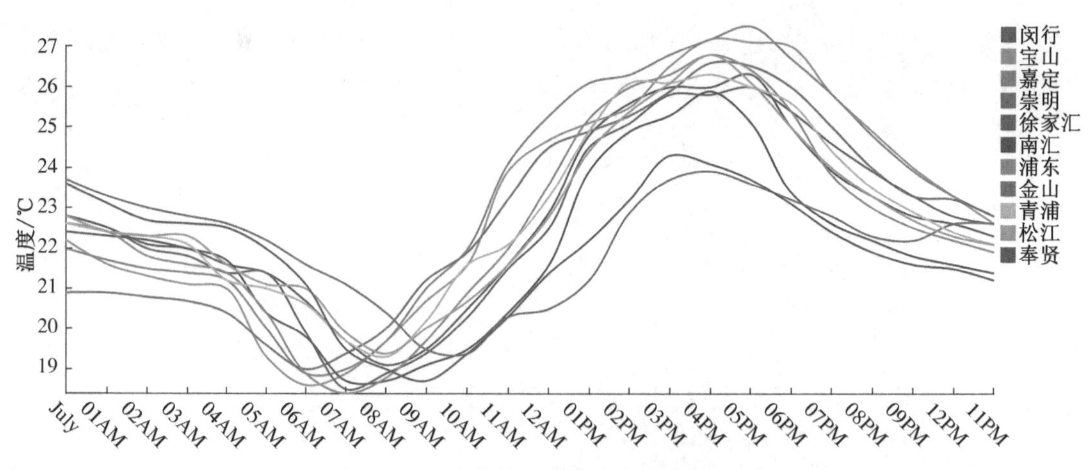


图 9－13　上海某天各区温度变化折线图

## 9.2.2　日历热区图

我们爬取了上海市 2015-01-01 至 2017-03-31 的每日温度数据，希望通过可视化快速了解以年为周期的温度趋势，以及不同年份之间的气候差异，快速看出每年较冷和较热的日期，以及气候反常的日期。我们选择用日历热区图的方式来完成。

通过 D3 完成日历热区图的绘制比较复杂，我们以官网的案例为蓝本，进行修改调整，完成我们需要的图形显示。其实这也是我们完成大部分图表的思路。

如图 9－14 的数据结构是 csv 文件格式，每行数据有三个字段：日期、最高气温和最低气温。

图 9－14　csv 文件数据格式

首先，生成日历的容器，创建多个 rect 方格，并绑定日期数据。

然后，读取 csv 文件，预处理中把每个字段的数据类型修正为数值。然后将最高温度的范围作为颜色编码的定义域 domain。

```
color.domain(d3.extent(data,function(d){
    return parseInt(d['最高 气温']);
  }
```

最后,根据数据为每个方格填充颜色。我们可以通过颜色比例尺 color,根据温度数据映射到的颜色数值来填充方格。具体如例 9 - 2 所示。

**【例 9 - 2】** 绘制上海市 2015-01-01 至 2017-03-31 每日温度的日历热区图。

```
<script>
  async function ShangHai(){
    var svg = d3.select("body")
            .append("svg")
            .attr("width",1200)
            .attr("height",500);
    //设置报表与 svg 容器的 margin 相当于 svg 的 padding
    var margin = {top:20,right:60,bottom:30,left:30},
            //报表的真实宽
            width = svg.attr("width") - margin.left - margin.right,
            //报表的真实高
            height = svg.attr("height") - margin.top - margin.bottom,
            //g 标签在界面中起到包裹作用,此处的 g 作为报表容器
g = svg.append("g").attr("transform","translate(" + margin.left + "," +
margin.top + ")");
    var cellsize = 20,group = {height:cellsize* 7,offset:10};
    //添加年份容器并绑定数据
    var year = g.selectAll(".year - group")
             .data(d3.range(2015,2018))
             .enter().append("g")
             .attr("class","year - group")
             .attr("width",width)
             .attr("height","140")
             .attr("transform",function(d,i){
               return "translate(0," + i* (group.height + group.offset) + ")"
             })
             .attr("tx","0")
             .attr("ty",function(d,i){
               return i* (group.height + group.offset);
             })
    //添加年份文字信息
    year.append("text").attr("class","year - text")
             .attr("text-anchor","middle")
             .attr("fill","#383838")
             .attr("transform","rotate(-90),translate(-" + group.height/2
+ ",20)")
             .text(function(d){
               return d
             });
```

```
//根据年份绘制出所有天(一个个小方格),并为每一个方格绑定数据
var dayGroup = year.append("g").attr("class","g - days")
        .attr("stroke","#ebebeb")
        .attr("fill","#fff")
        .attr("transform","translate(60,0)");
var day = dayGroup.selectAll("rect")
        .data(function(d) {
          return d3.timeDays(new Date(d,0,1),new Date(d +1,0,1));
        })
        .enter().append("rect")
        .style("cursor","pointer")
        .attr("width",cellsize)
        .attr("height",cellsize)
        .attr("x",function(d) {
          return d3.timeWeek.count(d3.timeYear(d),d)* cellsize;
        })
          .attr("y",function(d) {
          return d.getDay()* cellsize;
        })
        .datum(d3.timeFormat("% Y - % m - % d"));
//添加月份分组
year.append("g")
        .attr("fill","none")
        .attr("stroke","#000")
        .attr("transform","translate(60,0)")
        .selectAll("path")
        .data(function(d) {
          //返回两个时间段之间的月份
          return d3.timeMonths(new Date(d,0,1),new Date(d +1,0,1));
        })
        .enter().append("path")
        .attr("d",pathMonth);

function pathMonth(t0) {
var t1 = new Date(t0.getFullYear(),t0.getMonth() +1,0),
          d0 = t0.getDay(),w0 = d3.timeWeek.count(d3.timeYear(t0),t0),
          d1 = t1.getDay(),w1 = d3.timeWeek.count(d3.timeYear(t1),t1);
return "M" + (w0 +1)* cellsize + "" + d0* cellsize//起点
          + "H" + w0* cellsize + "V" + 7* cellsize
          + "H" + w1* cellsize + "V" + (d1 +1)* cellsize
          + "H" + (w1 +1)* cellsize + "V" + 0
          + "H" + (w0 +1)* cellsize + "Z";
}
//读取 csv 数据
var parseTime = d3.timeParse("% Y% m% d% H% M");
```

```
    const data = await d3.csv("../data/shanghai_2015_2017.csv",function(d,
i,columns){
        for(var j =2;j < columns.length;j + +){
          d[columns[j]] = +d[columns[j]]
        }
        return d;
    });
    //映射处理数据
    var mapData = d3.rollup(data,(D) = > D[0]['最高气温'],(d) = > d['日期']);
    //console.log(mapData);
  var color = d3.scaleQuantize()
            .range(["#006837","#1a9850","#66bd63","#a6d96a","#d9ef8b","#
ffffbf","#fee08b","#fdae61","#f46d43","#d73027","#a50026"]);
    color.domain(d3.extent(data,function(d){
      return parseInt(d['最高气温']);
    }));
    //过滤所有在时间段内的方格
    day.filter(function(d) {return mapData.has(d);})
            .attr("fill",function(d) {
                  return color(mapData.get(d));
            });
  }
  ShangHai();
</script>
```

最终的图表如图 9 - 15 所示,我们可以快速了解到,这个时间段内上海天气最热的日子在 7 月底 8 月初这一段,最冷的日子在 2016 年 1 月 23 日和 24 日之间,2016 年的夏天比 2015 年热得更早一些,等等,还可以了解哪些日子温度波动更大等信息。

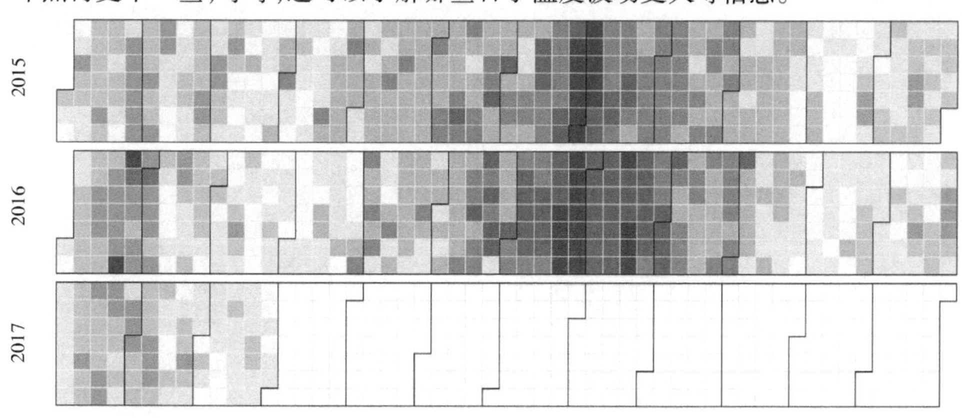


**图 9 - 15　上海每日温度日历热区图**

虽然这个图表比较复杂,但是我们调整数据重新绘制,就很方便了。比如我们用类似的图表显示一下温差的分布,能修改代码实现吗?

## 9.3 小结

- 时间是一种非常重要的数据维度和属性，我们能收集到的大量数据都是随着时间变化而变化的，我们称这种带有时间属性的数据为时序数据。
- 不同类别的时序数据采用不同的可视化方法表示，对于线性的时序数据，主要观察随着时间推移而变化的模式，通常可以用长度、方向和位置这些视觉编码方式。
- 对应时序数据来说，非常多的数据都有周期规律，如果我们对齐这些时间段，对发现这些规律通常是有好处的。
- 很多时序数据中也存在着对信息的分支结构，对同一个事件也可能存在多个角度的表达，按照时间组织结构，可以分为线性、流状、数状、图状等类型。
- 完成多个地区的温度在某一天的波动的线图。
- 完成日历热区图，可以应用在多种类型的数据上。

扫码得第 10 章
全部彩图

# 第 10 章
# 地理数据的可视化

## 学习目标

- 了解墨卡托地图投影
- 了解点、线、区域的地理数据的可视化方法及其注意事项
- 实现常用的地理数据可视化

## 能力目标

- 能够根据数据选择合适的地理数据的可视化方法
- 能够绘制地图
- 能够完成地图上的常见可视化图形

## 10.1 地图投影

现实世界的数据中经常包括位置信息,这里的地理位置特指真实的人类生活的空间。对这类数据,信息的载体和编码方式都非常独特,也是可视化中非常重要的一部分。在广泛使用了移动设备以及传感器之后,每时每刻都产生海量的地理空间数据,对我们进行可视化提出了更多的挑战。

地图是最常用的最简单的探索地理位置数据的方法,可以把所有数值都放到地理坐标系中。这个地理坐标系就关系到地图投影的问题。因为地球是球形的,我们需要将三维的地理坐标转换到二维的屏幕坐标,有多种投影的方法,最常见的就是墨卡托投影。

墨卡托投影又称为正轴等角圆柱投影,由荷兰地图学家墨卡托于1569年发明。在这种投影生成的二维视图中,经线是一组竖直的等距离平行直线,纬线是一组垂直于经线的平行直线,相邻纬线之间的距离由赤道向两级增加。但是投影中每个点上任何方向的长度比均相等,即没有角度变形,但是面积变形明显,赤道上的保持原始面积,离赤道越远的面积变大越多。

## 10.2 点数据的可视化

点数据描述的对象是地理空间中离散的点,具有经度和纬度的坐标,但是不具备大小尺寸。这是地理数据中最常见、最基本的一种,如地标性建筑、区域内的餐馆等。

常见的点数据的可视化方法就是直接根据坐标在地图上画点,如图10-1是百度地图上标注的南京地区的美食地点。

图10-1 百度地图上的美食地点标注

对于数据对象的其他属性，可以通过其他视觉编码的方式表示，例如颜色和大小可以表示分类型和数值型数据。图 10－2 中表示的是旧金山湾区的 Airbnb 房费，颜色代表房屋的种类，圆点的大小代表房费的高低。

**图 10－2　旧金山湾区的 Airbnb 房费地图标注**

以上例子中数据都是离散的，在数据量非常大的时候，会产生重叠。一种处理方法是将地图分割成小块，采用合适的重建或是差值算法将数据转换成连续的形式呈现，例如图 10－3 的热力图表示世界各地实时发推特（Twitter）消息的数量。

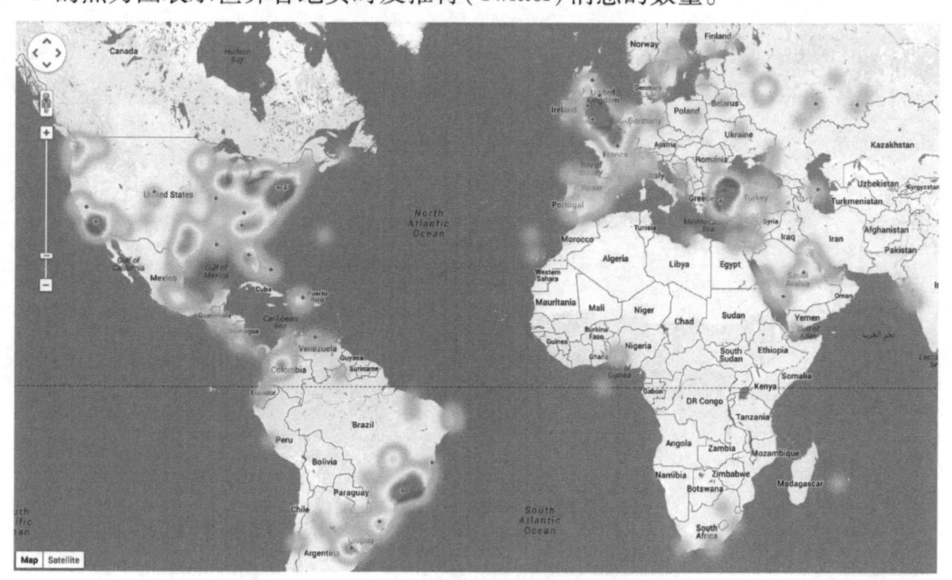


**图 10－3　世界各地发推特的消息数量的热力图**

上面的方法抽象地显示统计数据而不是每一个数据点。绘制每一个数据点可以让可视化展示更多数据细节，但是需要调整数据点的位置来解决重叠问题。常见的方法是将重叠的点在一个目标位置周围小范围内随机移动。图 10－4 就是用类似的算法可视化芝加哥和纽约地区的各种族地域分布。通过半透明的模式，可以清晰地辨别不同种族的聚居区域，也了解到聚居区交接的区域通常存在不同种族混居的情况。

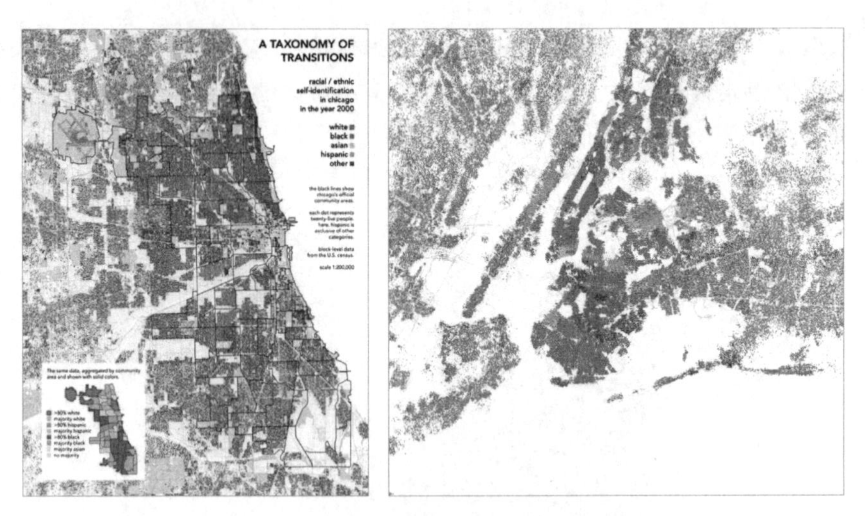


图 10-4　芝加哥和纽约地区各种族分布

## 10.3　线数据的可视化

地理位置空间数据中,线数据通常指连接两个或更多地点的线段或者路径。线数据具有长度属性,常见的例子是地图上两点之间的行车路线。线数据也可以是一些自然地理对象,例如河流等。

最基本的线数据可视化通常采用绘制线段来连接相应的地点。如图 10-5 就是百度地

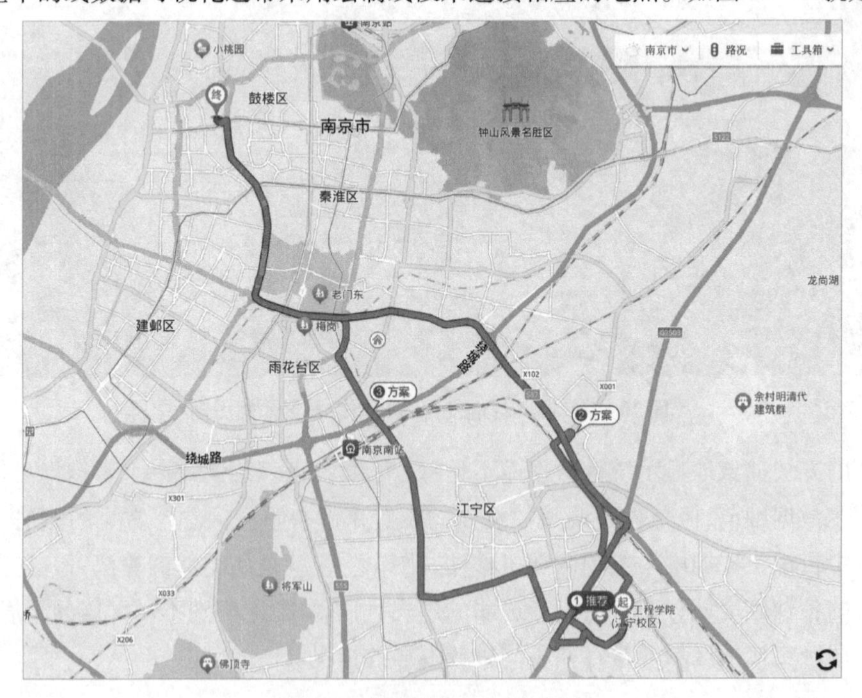


图 10-5　百度地图线路可视化

图展示从南京工程学院江宁校区到草场门大街的行车路线。其中还采用不同的可视化方法达到更好的效果，例如颜色、线型、宽度、标注等表示数据的属性。这里用红色、黄色和绿色表示路线的拥堵情况，不同的线型代表不同的铁路、地铁、公路等交通路线。

线数据在地图上展示时，要注意减少重叠和交叉的情况，增加可读性。比如在有限的地图上显示大量的线数据会造成严重的视觉混淆。一种处理方法就是，如果是理解数据的整体模式，可以简化线条，聚类为若干类线束来展示。图 10－6 是美国国内飞机航线的可视化图，用颜色表示飞机的型号，透明度表示航班的数量，尽管有大量线段重叠和交叉，但是整体反映了美国国内航班的地理分布特征。

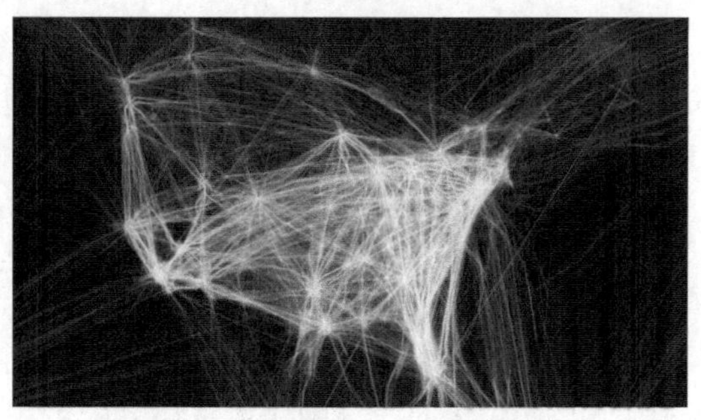

图 10－6　美国国内飞机航线可视化

在有的实际情况中，需要清晰地呈现每一条连线，并进行信息检索。此时，如果有大量线条重叠和交叉就阻碍了信息检索的效率，甚至变得不可行。这种情况下需要通过改变连线的形状和布局减少连线的重叠和交叉，通常称之为连线绑定。按照线的走向，将相互接近的部分合并起来，减少屏幕上的连线数量和交叉情况。人们很早就开始使用这种方法，如图 10－7 是 1864 年法国葡萄酒出口图，有向连线从法国出发到相应的进口地区，线的宽度表示出口数量，连线按照走势被绑定在一起。

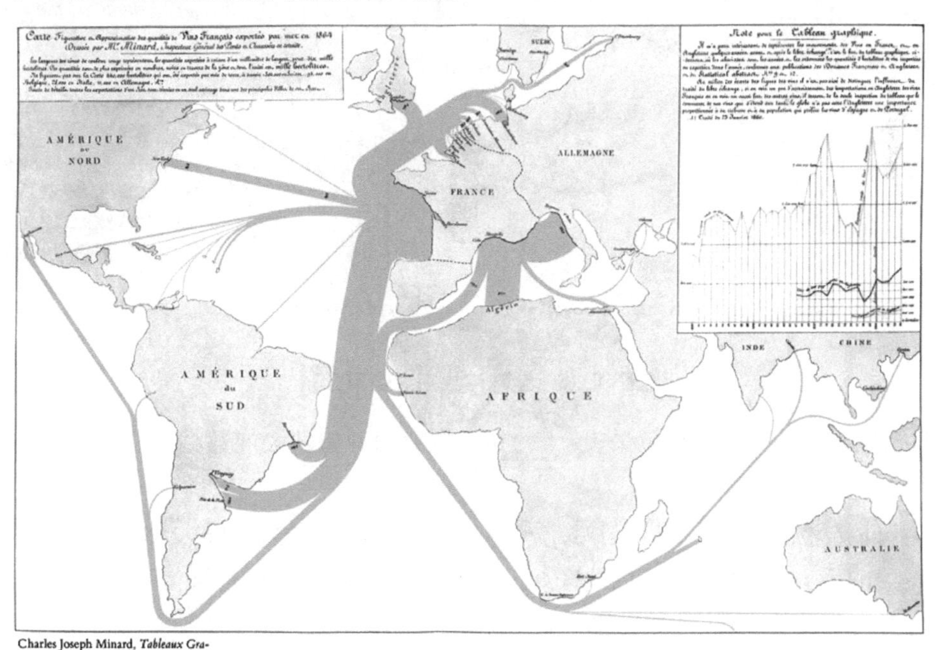


Charles Joseph Minard, *Tableaux Graphiques et Cartes Figuratives de M. Minard, 1845–1869*, a portfolio of his work held by the Bibliothèque de l'École Nationale des Ponts et Chaussées, Paris.

图 10－7　1864 年法国葡萄酒出口图

## 10.4 区域数据的可视化

区域数据包含比点数据和线数据更多的信息。区域是一个二维的闭合空间,可以是国家、省,或者湖泊或是街区,可视化区域数据的目的是表现区域的属性,如人口密度、人均收入等,最常用的方法是用颜色表示区域的属性。

**1) Choropleth 地图**

Choropleth 地图是假设数据的属性在一个区域内是平均分布的,因此用同一种颜色来表示。如图 10－8 是全球糖尿病患病率的可视化图,根据国家或区域来查看各地的糖尿病的患病率。

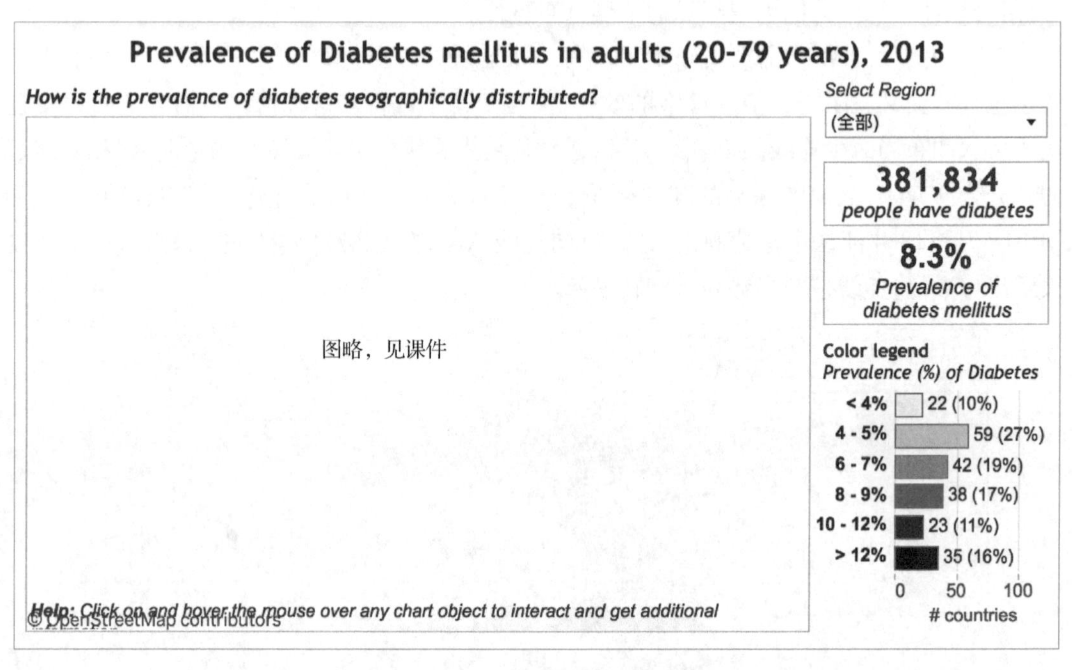


图 10－8　全球糖尿病患病率分布

Choropleth 地图是依靠颜色来表示数据的,在数据的值域大或数据类型多样的时候,选择合适的颜色非常重要。

Choropleth 地图最大的问题是数据分布和地理区域大小的不对称。通常大的数据集中在人口密集的区域,而人口稀疏的地区却占用大多数的屏幕空间,经常使用户对数据产生错误理解,因此产生了 Cartogram 地图。

**2）Cartogram 地图**

Cartogram 地图可视化是按照地理区域的属性值,对各个区域进行适当的变形处理,克服 Choropleth 地图对空间使用的不合理之处。

**3）规则形状地图**

人们也尝试用更简单的几何形状来表示地图上的区域,让用户更容易判断域面积的大小。例如矩阵或是圆形,这种规则的几何图形使用户更容易判断面积的大小。如图 10-9 是《纽约时报》绘制的 2008 年北京奥运会奖牌排名的可视化图表。圆表示国家,圆的大小表示所获得的奖牌的数量,颜色表示国家所在的大洲。这样能够非常直观地看到获奖牌最多的国家和地区。

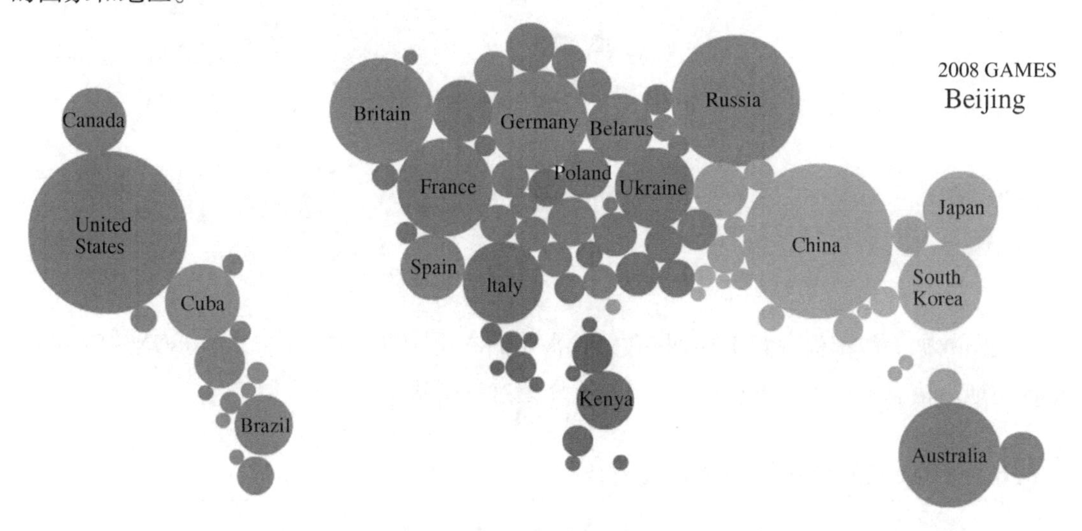


**图 10-9 《纽约时报》绘制的 2008 年奥运会奖牌分布**

## 10.5 地理数据可视化的应用

地理信息数据可视化在日常生活中应用广泛,尤其是移动互联网和物联网的快速发展使得地理位置更加容易获得,我们在日常生活中通过地图进行导航,寻找房屋,打车或是寻找共享单车,旅游等等中,都离不开地图以及地图上可视化展示。在大量网页或是应用中,都会用地图来作为查询或是搜索的方式。这里对标示的设计和展示需要合理地利用视觉编码的方式。如图 10-10 是链家网租房地图可视化展示。

同样,经济、人口、就业、教育、医疗和环境等研究中也会大量使用地图和地理信息数据。

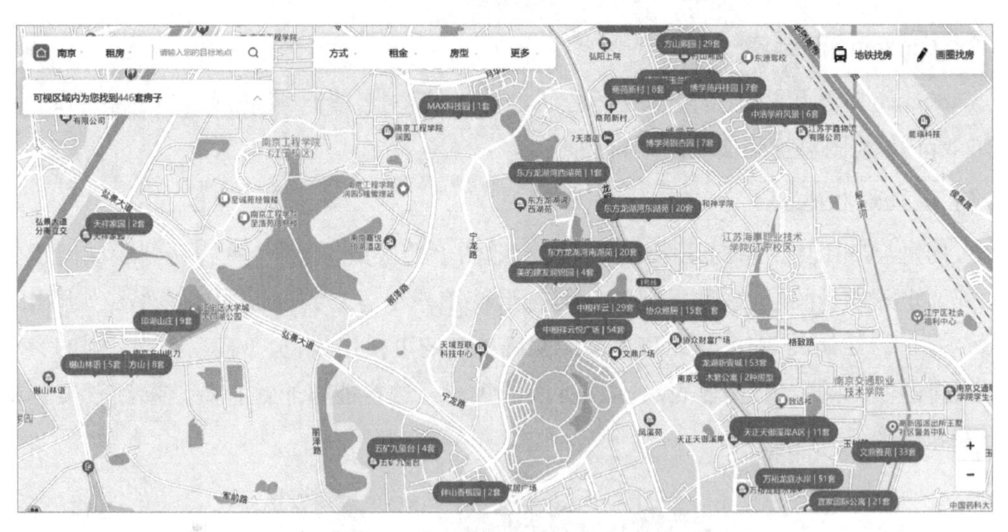


图 10-10　租房地图可视化示例

## 10.6　地图绘制演示

地图数据一般都保存为 JSON 格式,D3 常用的有两种:GeoJSON 和 TopoJSON。GeoJSON 是描述地理信息的一种基本格式,我们着重介绍这种格式。

### 10.6.1　GeoJSON 的地图格式文件

GeoJSON 是用于描述地理空间信息的数据格式,其语法规范都是符合 JSON 格式的,只是对其名称进行了规范,专门用于表示地理信息。GeoJSON 里的对象也是名称/值对的集合,名称总是字符串,值可以是字符串、数据、布尔值、对象、数值、null 等等。

我们可以从已有的 GeoJSON 文件中看到,整个中国地图就是一个特征集合,每个特征都有对应的 properties 和 geometry 数据(如图 10-11)。

```
{"type": "FeatureCollection",
"features":
[
{"type": "Feature","properties":{"id":"65","name":"新疆","cp":[84.9023,41.748],"childNum":18},"ge
{"type": "Feature","properties":{"id":"54","name":"西藏","cp":[88.7695,31.6846],"childNum":7},"ge
{"type": "Feature","properties":{"id":"15","name":"内蒙古","cp":[117.5977,44.3408],"childNum":12}
{"type": "Feature","properties":{"id":"63","name":"青海","cp":[96.2402,35.4199],"childNum":8},"ge
{"type": "Feature","properties":{"id":"51","name":"四川","cp":[102.9199,30.1904],"childNum":21},
```

图 10-11　GeoJSON 文件示例

我们可以从网上搜到绝大部分国家和地区的 GeoJSON 文件,例如一些网站也提供常用的 GeoJSON 文件供下载:

http://datav. aliyun. com/static/tools/atlas

http://www.ourd3js.com/wordpress/668/

如果还找不到需要的文件,可以到 http://naturalearthdata.com/网站上获取原文件,自行转换并简化完成。

### 10.6.2 绘制中国地图

中国地图一般是这样表示的,一个大的矩形框里,画上中国大陆和港澳台,矩形的右下角有一个小框,绘制南海诸岛。以下通过 GeoJSON 文件绘制中国地图。

绘制地图首先要定义地图的投影,我们介绍了墨卡托投影方式,可以用 D3 的方法定义投影方式。d3.geoMercator 是投影方法,center 是地图的中心位置,scale 和 translate 是设置缩放量和平移量。然后通过 geoPath 生成对应的地理路径生成器。

然后可以加载数据,读取 json 文件,其中 data.features 是各省的轮廓数据,添加足够数量的 <path> 元素,每一个 <path> 中绘制一个省份的路径,并在每个省份里填充不同的颜色。完整代码如例 10 - 1 所示。

**【例 10 - 1】** 绘制中国地图。

```
<script>
    async function chinamap(){
        var svg = d3.select("body")
            .append("svg")
            .attr("width",1200)
            .attr("height",800);

        //设置报表与 svg 容器的 margin 相当于 svg 的 padding
        var margin = {top:20,right:60,bottom:30,left:30},
            //报表的真实宽
            width = svg.attr("width") - margin.left - margin.right,
            //报表的真实高
            height = svg.attr("height") - margin.top - margin.bottom,
            //g 标签在界面中起到包裹作用,此处的 g 作为报表容器
g = svg.append("g").attr("transform","translate(" + margin.left + ","
" + margin.top + ")");

        //寻找配色方案,比方说 http://colorbrewer2.org/
        var colorArray = ["#fbb4ae","#b3cde3","#ccebc5","#decbe4","#
fed9a6","#ffffcc"];
        var color = d3.scaleOrdinal().range(colorArray);

        const data = await d3.json("../data/china_GeoJson.json");
        //console.log(data);

        //声明投影方式:墨卡托投影
        var projection = d3.geoMercator()
            .center([118.847868,31.927726])//设置中心点
```

```
        .scale(500)//后续放大缩小地图使用 projection.scale(xxx)
        .translate([width/2,height/2]);
    //设置路径计算函数
    var path = d3.geoPath(projection);
    //添加路径呈现地图
    g.selectAll(".map-feature")
        .data(data.features)
        .enter().append("path")
        .attr("class","map-feature")
        .attr("d",path)
        .style("cursor","pointer")
        .attr("fill",function(d,i){
            //alert(i);
            return color(i);
        })
        .on("mouseover",function(d){
            d3.select(this).attr("stroke-width","2");
        })
        .on("mouseout",function(d){
            d3.select(this).attr("stroke-width","0.5");
        })
        .attr("stroke","black")
        .attr("stroke-width","0.5");
    //各省份添加文字信息
    var texts = g.selectAll(".texts")
        .data(data.features)
        .enter()
        .append("text")
        .attr("class","texts")
        .text((d,i) => d.properties.name)
        .attr("text-anchor","middle")
        .attr("transform",function(d) {
            var centroid = path.centroid(d),
                x = centroid[0],
                y = centroid[1];
            if((d.properties.name == "澳门")||(d.properties.name == "河北"))
                y = y + 15;
            if((d.properties.name == "香港")||(d.properties.name == "内蒙古"))
                y = y + 10;
            if(d.properties.name == "甘肃"){x += 30;y += 30;}
            return `translate(${x}, ${y})`;
        })
        .attr('fill','999')
        .attr("font-size","8px");
```

```
    }
    chinamap();
</script>
```

最终生成中国地图。

### 10.6.3　绘制城市地铁线路

在地铁上绘制点是非常常见的地图可视化方法,我们通过绘制上海地铁站的位置来说明如何在地图上绘制点。

首先和上面的例子类似,我们先绘制上海地图,获取上海的 GeoJSON 数据,用墨卡托投影的方法完成绘制。

```
const data = await d3.json("../data/shanghai_GeoJson.json");
        //console.log(data);
        //声明投影方式:墨卡托投影
        var projection = d3.geoMercator()
            .center([121.528,31.2966])//设置中心点
            .scale(30000)//后续放大缩小地图使用 projection.scale(xxx)
            .translate([width/2,height/2]);
        //设置路径计算函数
        var path = d3.geoPath(projection);
```

获取上海一号地铁站的经纬度信息表,然后完成点的绘制,这里最主要的是通过投影函数,把经纬度映射为坐标位置。

```
  g.selectAll(".map-station")
            .data(lineOne)
            .enter().append("circle")
            .attr("class","map-station")
            .attr("fill","black")
            .attr("r",2)
            .attr("cx",function(d){
                //这是知识点
                return projection(d.lnglat)[0]
            })
            .attr("cy",function(d){
                return projection(d.lnglat)[1]
            })
```

在此基础上,如果要把各个站点连接起来,完成地铁线路的绘制,需要增加一个线路径 path。注意经度对应 $x$ 轴,纬度对应 $y$ 轴。完整代码如例 10－2 所示。

【例 10-2】 绘制上海市某地铁线路。

```
async function shanghaimap(){
        var svg = d3.select("body")
            .append("svg")
            .attr("width",1200)
            .attr("height",800);
        //设置报表与 svg 容器的 margin 相当于 svg 的 padding
        varmargin = {top:20,right:60,bottom:30,left:30},
            //报表的真实宽
            width = svg.attr("width") - margin.left - margin.right,
            //报表的真实高
            height = svg.attr("height") - margin.top - margin.bottom,
            //g 标签在界面中起到包裹作用,此处的 g 作为报表容器
g = svg. append ("g"). attr ("transform","translate (" + margin. left + "," + margin.top + ")");
        //寻找配色方案,比方说 http://colorbrewer2.org/
        var colorArray = [ "#fbb4ae","#b3cde3","#ccebc5","#decbe4","#fed9a6","#ffffcc"];
        var color = d3.scaleOrdinal().range(colorArray);
        //抓取一号线的各个站点坐标
        var lineOne =[
            {name:'富锦路',lnglat:[121.41994771125192,31.394206890381277]},
            {name:'友谊西路',lnglat:[121.42330658143267,31.38308882623357]},
            {name:'宝安公路',lnglat:[121.42628952009215,31.371680032971014]},
            {name:'共富新村',lnglat:[121.4294548390692,31.357221366445227]},
            {name:'呼兰路',lnglat:[121.43313431519363,31.34144357642495]},
            {name:'通河新村',lnglat:[121.43678014931848,31.333259039187144]},
            {name:'共康路',lnglat:[121.44244642181377,31.320856993396394]},
            {name:'彭浦新村',lnglat:[121.44409270865282,31.308468225732337]},
        {name:'汶水路',lnglat:[121.4455639825759,31.29436360533891]},
            {name:'上海马戏城',lnglat:[121.44750520440358,31.281422492672295]},
            {name:'延长路',lnglat:[121.45088841295586,31.27368913912567]},
            {name:'中山北路',lnglat:[121.45459608295691,31.260970606834828]},
            {name:'上海火车站',lnglat:[121.45293331047293,31.250822908541224]},
            {name:'汉中路',lnglat:[121.4542036575684,31.242852716578355]},
            {name:'新闸路',lnglat:[121.46375193065678,31.240586243658836]},
            {name:'人民广场',lnglat:[121.46997112305584,31.234826039882368]},
            {name:'黄陂南路',lnglat:[121.46874008686854,31.224755601634392]},
            {name:'陕西南路',lnglat:[121.45429348843491,31.217645451961943]},
            {name:'常熟路',lnglat:[121.445606440284,31.215539784508685]},
            {name:'衡山路',lnglat:[121.44214581103408,31.20688195641351]},
            {name:'徐家汇',lnglat:[121.43215385521358,31.196392215907846]},
            {name:'上海体育馆',lnglat:[121.4323945225177,31.184343425631287]},
```

```
        {name:'漕宝路',lnglat:[121.43042330301228,31.170193726116143]},
        {name:'上海南站',lnglat:[121.42567904498448,31.15598125153076]},
        {name:'锦江乐园',lnglat:[121.40956274895547,31.144115745925067]},
        {name:'莲花路',lnglat:[121.39814797781447,31.132750359893596]},
        {name:'外环路',lnglat:[121.38858618662593,31.123096283054192]},
        {name:'莘庄',lnglat:[121.38037988646035,31.112829627363745]}
];
const data = await d3.json("../data/shanghai_GeoJson.json");
//console.log(data);
//声明投影方式:墨卡托投影
var projection = d3.geoMercator()
    .center([121.528,31.2966])//设置中心点
    .scale(30000)//后续放大缩小地图使用 projection.scale(xxx)
    .translate([width/2,height/2]);
//设置路径计算函数
var path = d3.geoPath(projection);
//添加路径呈现地图
g.selectAll(".map-feature")
    .data(data.features)
    .enter().append("path")
    .attr("class","map-feature")
    .attr("d",path)
.style("cursor","pointer")
    .attr("fill",function(d,i){
        //alert(i);
        return color(i);
    })
    .on("mouseover",function(d){
        d3.select(this).attr("stroke-width","2");
    })
    .on("mouseout",function(d){
        d3.select(this).attr("stroke-width","0.5");
    })
    .attr("stroke","black")
    .attr("stroke-width","0.5");
//各省份添加文字信息
var texts = g.selectAll(".texts")
    .data(data.features)
    .enter()
    .append("text")
    .attr("class","texts")
    .text((d,i) => d.properties.name)
    .attr("text-anchor","middle")
    .attr("transform",function(d) {
```

```
            var centroid = path.centroid(d),
                x = centroid[0],
                y = centroid[1];
            return 'translate(${x}, ${y})';
        })
        .attr('fill','999')
        .attr("font-size","8px");
    //绘制站点
    g.selectAll(".map-station")
        .data(lineOne)
        .enter().append("circle")
        .attr("class","map-station")
        .attr("fill","black")
        .attr("r",2)
        .attr("cx",function(d){
            //这是知识点
            return projection(d.lnglat)[0]
        })
        .attr("cy",function(d){
            return projection(d.lnglat)[1]
        })
    //设置线路生成器
    var linePath = d3.line()
        .x(function(d){return d.pxLng})
        .y(function(d){return d.pxLat})
        .curve(d3.curveCatmullRom.alpha(0.5));
    //绘制地铁线路
    g.append("path")
        .datum(lineOne)
        .attr("fill","none")
        .attr("stroke","black")
        .attr("stroke-width","2")
        .attr("d",function(d){
            var temp;
            d.forEach(function(d){
                temp = projection(d.lnglat);
                d.pxLng = temp[0]
                d.pxLat = temp[1]
            })
            return linePath(d);
        })
  }
  shanghaimap();
</script>
```

最终完成结果如图 10－12 所示。

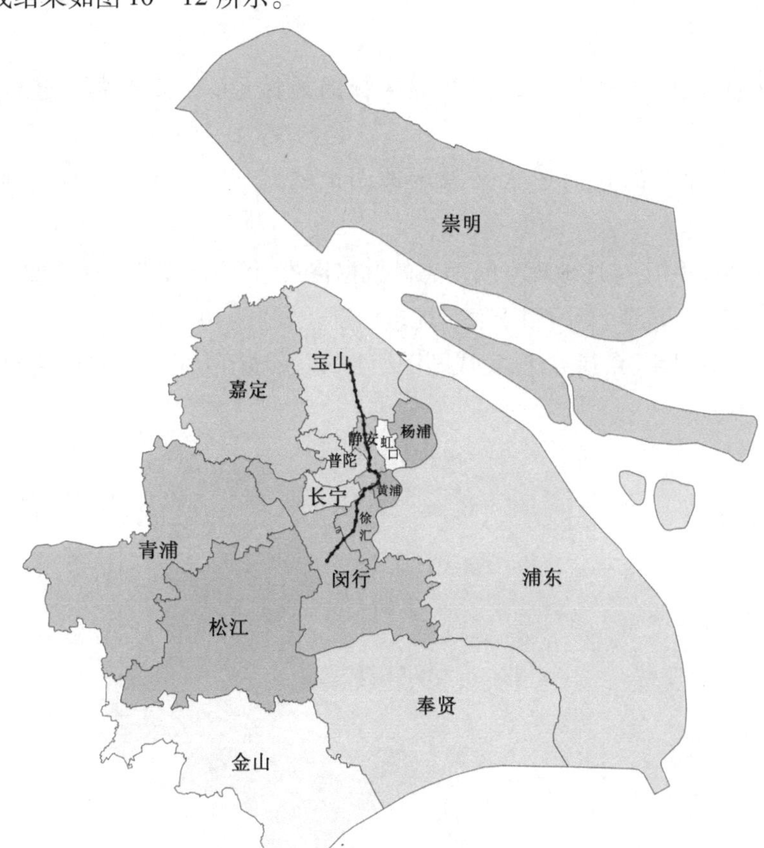


图 10－12　绘制上海市某地铁线路

## 10.7　小结

● 地图是最常用的、最简单的探索地理位置数据的方法。

● 我们需要将三维的地理坐标转换到二维的屏幕坐标，有多种投影的方法，最常见的就是墨卡托投影。

● 点数据描述的对象是地理空间中离散的点，具有经度和纬度的坐标，但是不具备大小尺寸。常见的点数据的可视化方法就是直接根据坐标在地图上画点。

● 地理位置空间数据中，线数据通常指连接两个或更多地点的线段或者路径。线数据具有长度属性，最基本的线数据可视化通常采用绘制线段来连接相应的地点。

● 区域数据包含比点数据和线数据更多的信息。可视化区域数据的目的是为了表现区域的属性，最常用的方法是用颜色表示区域的属性。

- Choropleth 地图是假设数据的属性在一个区域内是平均分布的,因此用同一种颜色来表示。
- Cartogram 地图可视化是按照地理区域的属性值,对各个区域进行适当的变形处理。
- 可以用更简单的几何形状来表示地图上的区域,让用户更容易判断域面积的大小。
- GeoJSON 是用于描述地理空间信息的数据格式,其语法规范都是符合 JSON 格式的,只是对其名称进行了规范,专门用于表示地理信息。
- 通过 D3 的投影、路径方法,完成地图绘制,以及地图上的点和线的绘制。

扫码得第 11 章
全部彩图

# 第 11 章 多元数据的可视化

## 学习目标

- 了解多元数据可视化的方法
- 了解多种多元数据可视化图表适合的数据类型
- 完成部分多元数据的可视化图表实现

## 能力目标

- 能够根据数据选择合适的多元数据可视化图表
- 合理设计多元数据可视化图表
- 完成部分多元数据的可视化图表

## 11.1 多元数据

高维多元数据是指每个数据对象有两个或是两个以上的独立(多维度)或是相关(多元)属性的数据。因为多数情况下,并不能判断数据对象之间是否相互独立,所以通常统称为多元数据。

此类数据在现实生活中随处可见,例如笔记本电脑的不同配置,包括 CPU、内存、硬盘、屏幕和重量等等。每个参数都是电脑的一个属性,所有参数组成的配置就是一个多元数据。

人们在选择电脑的时候,通常需要比较各种重要的参数,衡量不同型号之间的优劣。实际上就是对数据对象在各个属性上的数值进行综合评估。这就是一个典型的多元数据分析过程。

### 少数维度

二维或是三维数据都可以用常规的可视化方法表示。例如通过散点图,通过 $x$ 轴、$y$ 轴的位置比较二维数据,或是通过各种视觉编码表示额外的属性,比如点的颜色、大小、形状等。我们看过多次的 GapMinder 的 GDP 和期望寿命的散点图就是此类(图 1 - 19),$x$ 轴、$y$ 轴、颜色、大小代表了 4 个维度的数据关系。

但是,这种方法对更高维度的数据就不合适,视觉编码有限,多余复杂的视觉编码会降低可读性,需要运用其他方法在二维空间中表现更多元的数据。

## 11.2 高维多元数据

### 11.2.1 散点图矩阵

一种常用的表现多元数据的方法是散点图矩阵。就是散点图的扩展,对 $N$ 维数据,通过 $N \times N$ 个散点图特别表示 $N$ 个属性之间的两两关系。例如,图 11 - 1 是经济合作组织(OECD)对各个国家和地区的各阶段人口分布、人口密度等因素之间的两两对比的散点图矩阵,可以看到老年人口越多的国家和地区,老年人口负担也就越重。

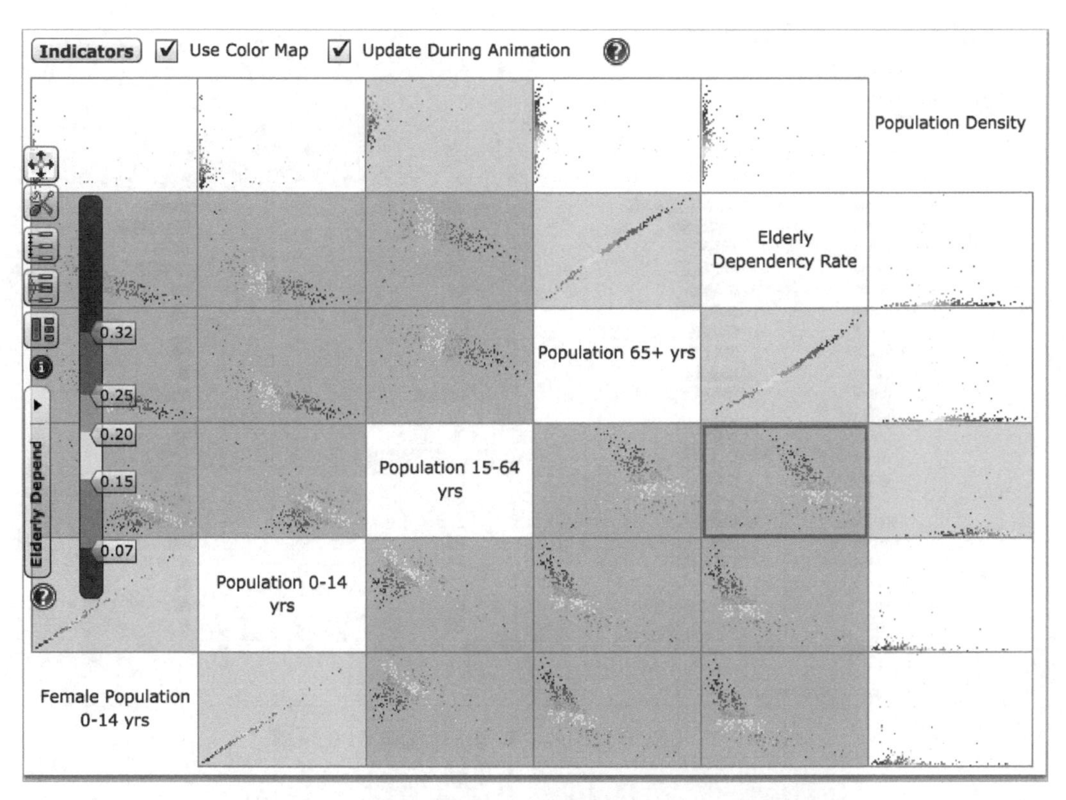


图 11－1　OECD 绘制的人口分布与人口密度的散点图矩阵

这种图的好处是符合用户习惯,并能够有效解释属性之间的关系。但是也存在着缺陷,维度增加后,散点图数量也呈几何级增长。通常的解决方法是,通过交互式手段,选取感兴趣的属性进行分析。这是常用的灵活的解决方案。

## 11.2.2　表格透镜

表格透镜是传统表格的扩展。它采用和传统表格类似的方法,每个数据对象用一行表示,每列表示一个属性。但是和传统方法不同的是,表格透镜并不直接列出数据的值,而是将数值用水平横条或点来表示,因为点或横条占用空间较少,可以在有限的屏幕空间中显示大量的数据和属性,同时方便用户对数据对象和各个属性值之间进行比较。如图 11－2 是 OECD 在 2022 年绘制的主要经济体的预期 GDP 增幅,可以看到通过用横线代表数值大小,可以更加清晰地呈现数值的大小。

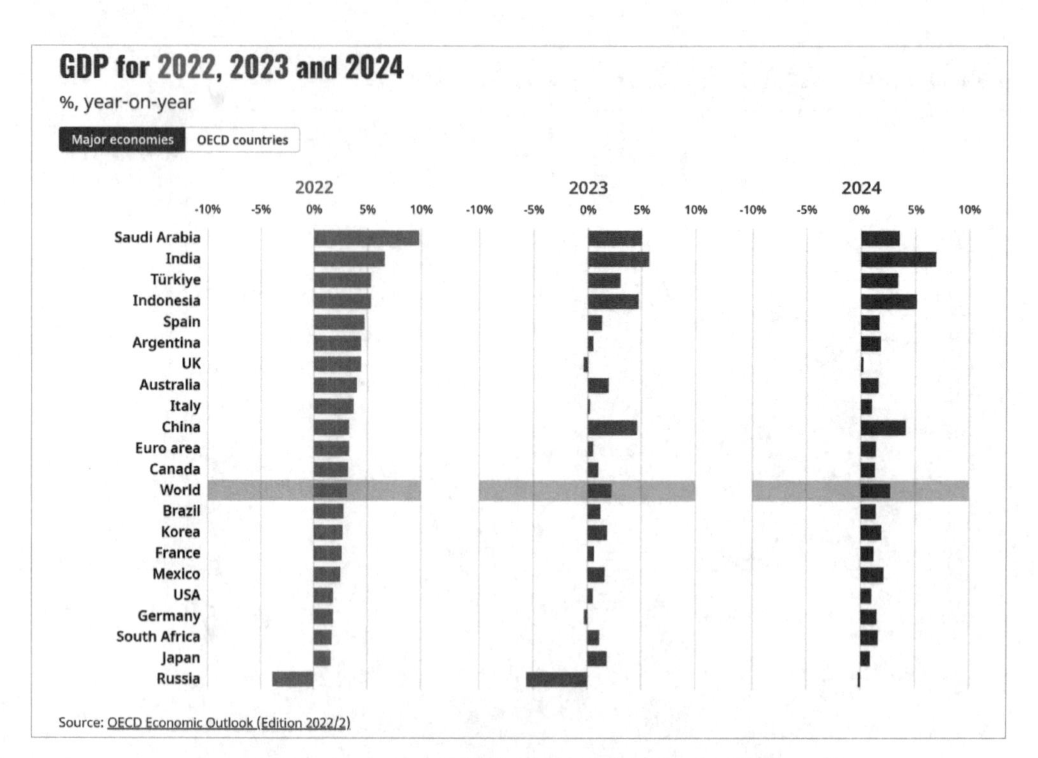


图 11－2　OECD 绘制的主要经济体预期 GPD 增幅

## 11.2.3　平行坐标

平行坐标是展示多元数据的另一种有效方法。传统的图表中，坐标轴相互垂直，每个数据对象对应于坐标系中的一个点。而平行坐标方法中采用相互平行的坐标轴，每个坐标轴代表数据的一个属性，因此每个数据对象对应于一条穿过所有坐标轴的折线。同样，如图 11－3 所示，根据图 11－1 的数据绘制的平行坐标图中，针对每个国家或地区的情况可以通过一条直线代表各个参数之间的关系。

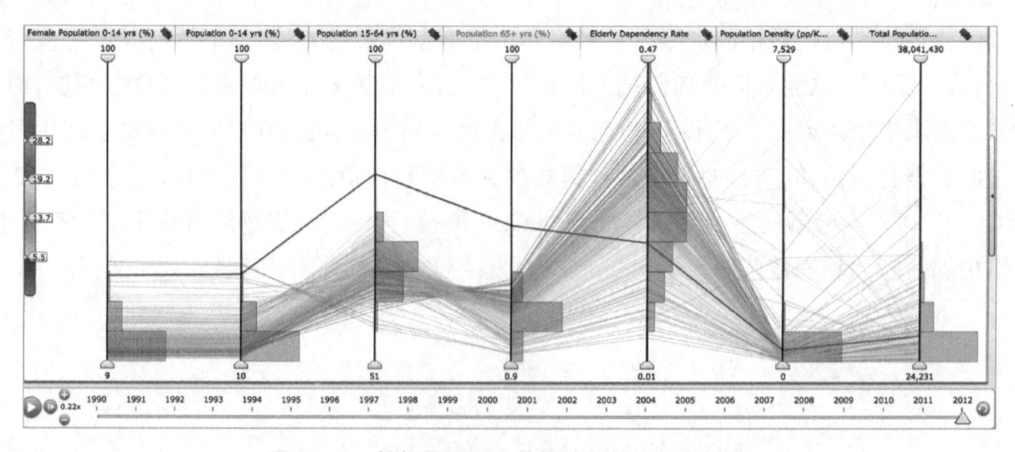


图 11－3　根据图 11－1 数据绘制的平行坐标图

平行坐标不但可以显示高维度的数据,还可以解释数据在每个属性上的分布,以及相邻两个属性之间的关系。通过线段的关系可以判断两个属性之间是正相关性、负相关性还是弱相关性,如图 11－4 所示。

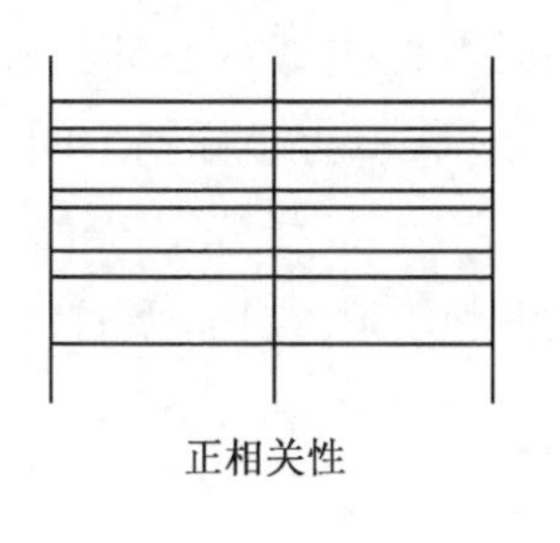

正相关性

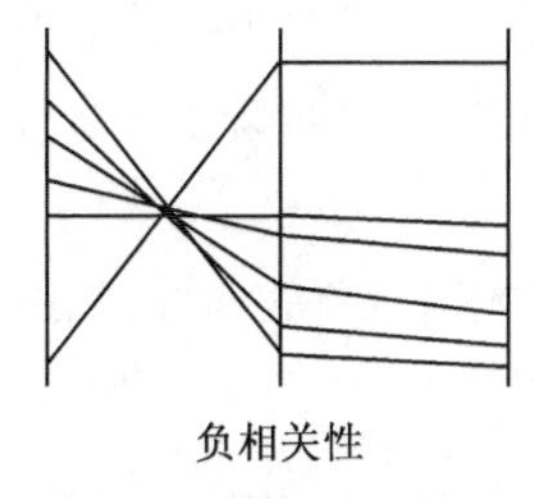

负相关性

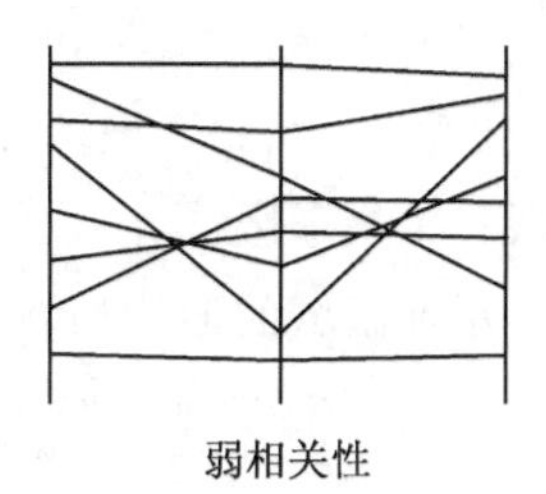

弱相关性

**图 11－4　平行坐标相邻属性相关性**

但是,平行坐标对于非相邻属性之间关系的表现相对较弱。通常的解决方法是,让用户交互地选取部分感兴趣的数据对象以及属性,并且可以交换坐标轴的位置,改变相邻关系,查看属性之间的关系,如果需要突出某个数据,可以用高亮显示。

以上的例子中,数据在各个维度上都是连续的数值。但是如果是类别型数据,通常将坐标轴平均分成若干等份,并连接对应的等分点。图 11－5 是泰坦尼克号沉船事故中乘客信息的例子,包括三个维度:乘客的船舱等级、性别以及是否遇难。在每个坐标上,用区间表示不同的属性,区间的大小由对应属性的数据所占的比例决定。例如,所有乘客中,1 731 人为男性,470 人为女性,性别坐标轴就由相应的宽度代表男性乘客和女性乘客。

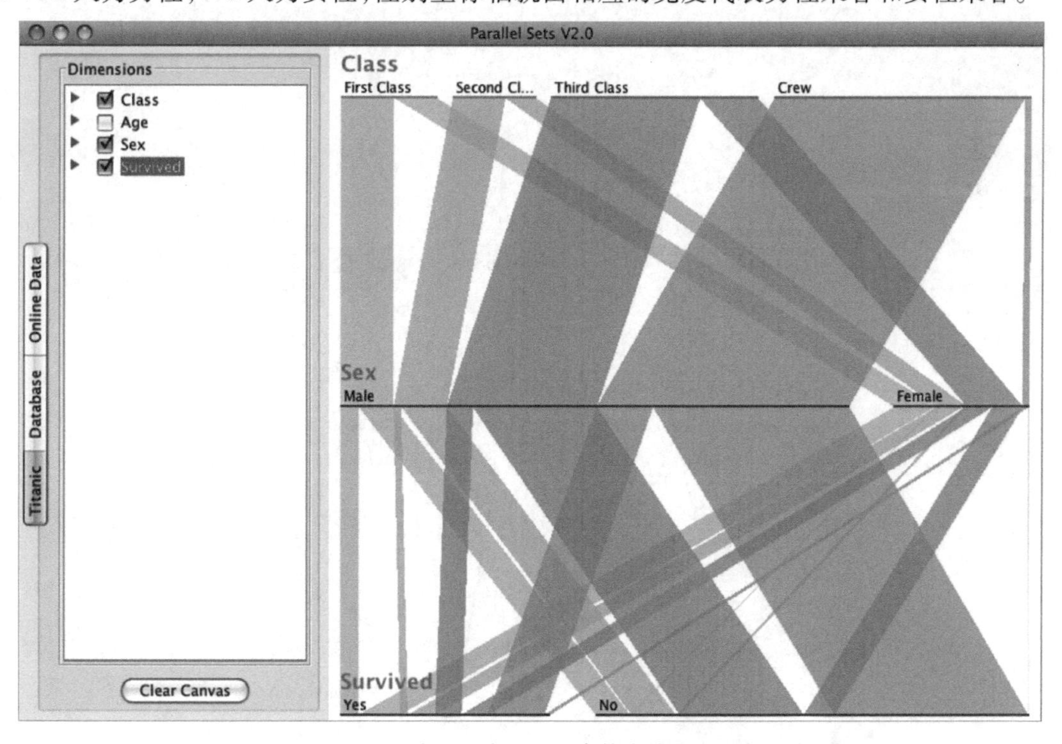


**图 11－5　泰坦尼克号沉船事故中的乘客信息**

### 11.2.4 星形图

星形图又称为雷达图,可以看成平行坐标的极坐标版本。多元数据的每一个属性由一个坐标轴表示,每个坐标轴上点的位置由数据属性的值决定。折线连接所有坐标轴上的点,围成一个星形区域。

星形区域的形状和大小反映了数据对象的属性,如图 11 - 6 是美国 50 个州以及首都华

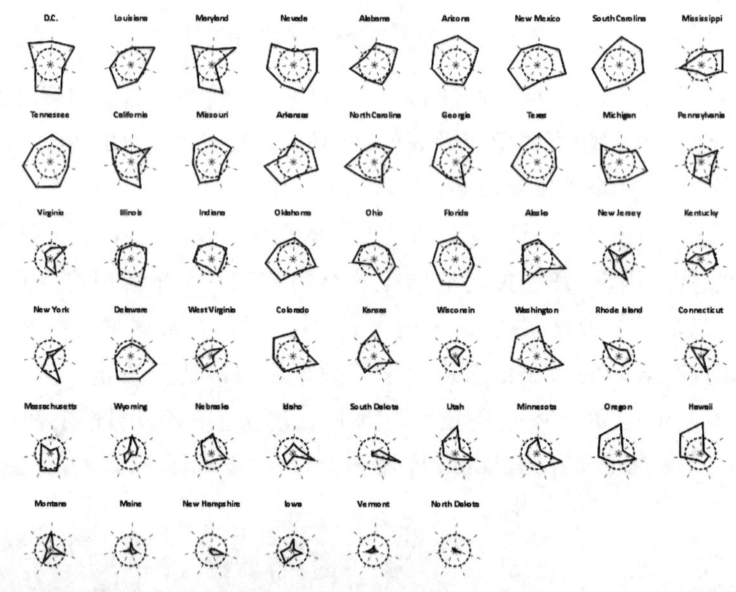


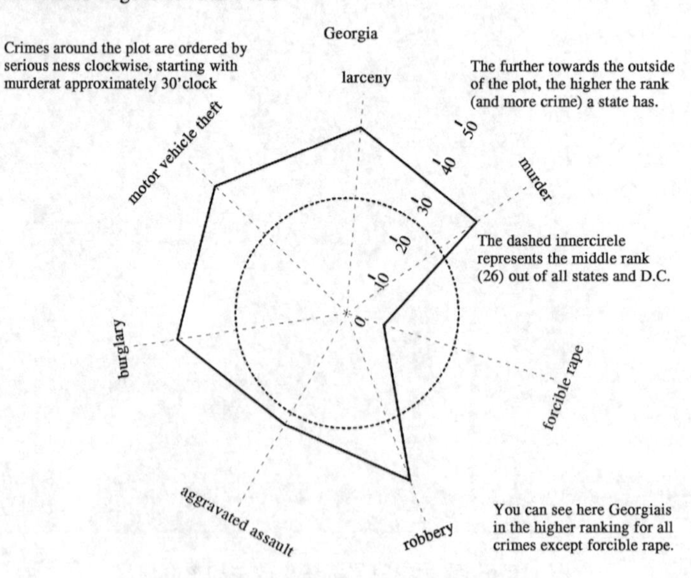


图 11 - 6　美国各州犯罪率星形图

盛顿特区的犯罪率。可以看到星形图的 7 个坐标代表了 7 种不同的犯罪类型,包括谋杀罪(murder)、强奸罪(forcible rape)、抢劫罪(robbery)、故意伤害罪(aggravated assault)、入室偷盗罪(burglary)、车辆盗窃罪(motor vehicle theft)、盗窃罪(larceny)。星形面积越大的州说明犯罪率更高,某个坐标系的数据特别突出的州,说明某一类犯罪率特别高。

### 11.2.5　马赛克图

马赛克图通过空间划分的方法展示多元类别型数据的统计信息。通常从长方形出发,依据每一个数据维度以 $x$、$y$ 轴的次序递归地将长方形进行层次划分。每一次划分中,沿着给定的轴,按照数据集在该数据维度上的比例关系进行划分。如图 11－7 是泰坦尼克号乘客的统计数据,是按照马赛克图的方法,根据船舱等级、性别、年龄、是否获救的顺序对空间进行划分的可视化结果。

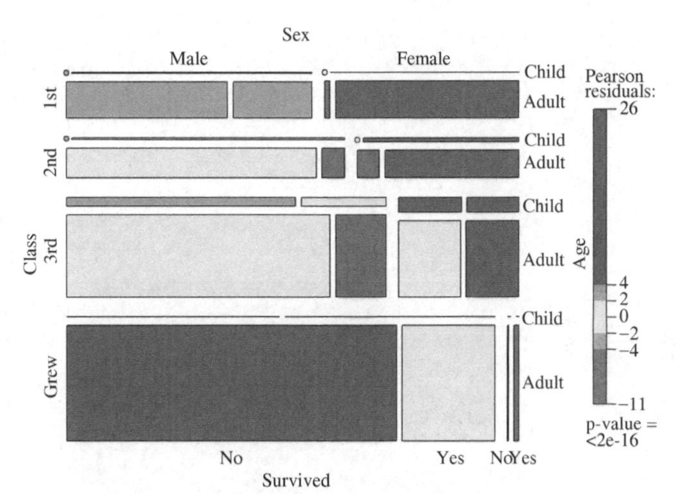


图 11－7　泰坦尼克号乘客统计数据马赛克图

### 11.2.6　多种方法综合展示

通常,并不是一种方法就可以显示多元数据的不同层面,我们可以从不同的视角观察多元数据,并通过各种方式来发掘数据的关系。图 11－8 就是用热区图、条形图和星状图分析球员的数据,从图中既可以看出球员的特点,也可以看出球员的优劣势。

## 11.3　多元数据绘制案例

### 11.3.1　雷达图

雷达图是我们熟悉的表现多元数据的方法。在这个例子中,我们爬取了金州勇士队的各个球员在 16—17 赛季中常规赛的表现,数据如图 11－9。我们得知每个球员的各个表现参数,想直观地显示各个球员的特点,一种方法就是为每个球员绘制雷达图。

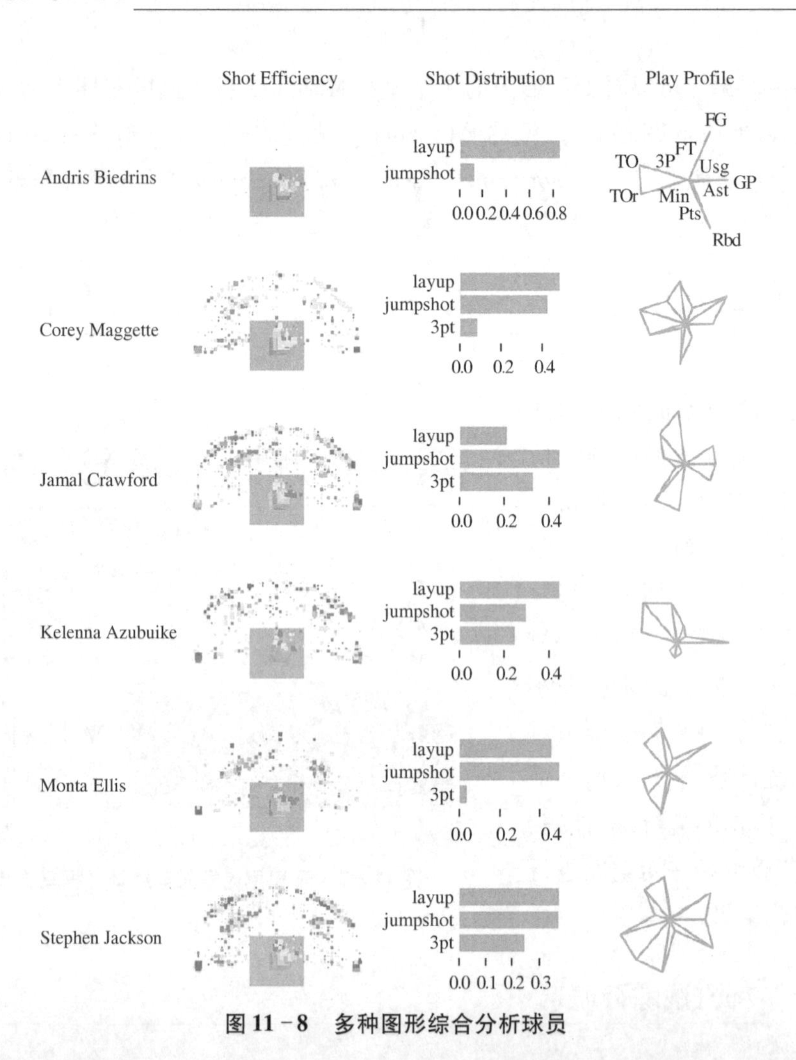


图 11-8　多种图形综合分析球员

```
球员,出场,首发,时间,投篮,命中,出手,三分,命中,出手,罚球,命中,出手,篮板,前场,后场,助攻,抢断,盖帽,失误,犯规,得分
斯蒂芬-库里,79,79,33.4,46.8%,8.5,18.3,41.1%,4.1,10.0,89.8%,4.1,4.6,4.5,0.8,3.7,6.6,1.8,0.2,3.0,2.3,25.3
凯文-杜兰特,62,62,33.4,53.7%,8.9,16.5,37.5%,1.9,5.0,87.5%,5.4,6.2,8.3,0.6,7.6,4.8,1.1,1.6,2.2,1.9,25.1
克莱-汤普森,78,78,33.9,46.8%,8.3,17.6,41.4%,3.4,8.3,85.3%,2.4,2.8,3.7,0.6,3.0,2.1,0.8,0.5,1.6,1.8,22.3
德雷蒙德-格林 ,76,76,32.6,41.8%,3.6,8.6,30.8%,1.1,3.5,70.9%,2.0,2.8,7.9,1.3,6.6,7.0,2.0,1.4,2.4,2.9,10.2
安德烈-伊格达拉,76,0,26.3,52.8%,2.9,5.5,36.2%,0.8,2.3,70.6%,0.9,1.3,4.0,0.7,3.3,3.4,1.0,0.5,0.8,1.3,7.6
伊恩-克拉克,77,0,14.8,48.7%,2.7,5.6,37.4%,0.8,2.1,75.9%,0.6,0.8,1.6,0.3,1.3,1.2,0.5,0.1,0.7,1.0,6.8
贾维尔-麦基,77,10,9.6,65.2%,2.7,4.1,0.0%,0.0,0.0,50.5%,0.7,1.4,3.2,1.3,1.9,0.2,0.2,0.9,0.5,1.4,6.1
扎扎-帕楚里亚,70,70,18.1,53.4%,2.3,4.4,0.0%,0.0,0.0,77.8%,1.4,1.8,5.9,2.0,3.9,1.9,0.8,0.5,1.2,2.4,6.1
马特-巴恩斯,20,5,20.6,42.2%,1.9,4.5,34.6%,0.9,2.6,87.0%,1.0,1.2,4.6,0.8,3.8,2.3,0.6,0.5,1.2,2.4,5.7
肖恩-利文斯顿,76,3,17.7,54.7%,2.3,4.2,33.3%,0.0,0.0,70.0%,0.6,0.8,2.0,0.4,1.6,1.8,0.5,0.3,0.8,1.6,5.1
大卫-韦斯特,68,0,12.6,53.6%,2.0,3.7,37.5%,0.0,0.1,76.8%,0.6,0.8,3.0,0.7,2.3,2.2,0.6,0.7,1.2,1.5,4.6
帕特里克-麦考,71,20,15.2,43.3%,1.5,3.5,33.3%,0.6,1.7,78.4%,0.4,0.5,1.4,0.3,1.1,1.1,0.5,0.2,0.5,0.9,4.0
詹姆斯-迈克尔-麦卡杜,52,2,8.8,53.0%,1.2,2.3,25.0%,0.0,0.2,50.0%,0.4,0.8,1.7,0.7,1.1,0.3,0.3,0.6,0.4,0.9,2.8
凯文-卢尼,53,4,8.4,52.3%,1.1,2.0,22.2%,0.0,0.2,61.8%,0.4,0.6,2.3,0.8,1.5,0.5,0.3,0.3,0.3,1.2,2.5
达米安-琼斯,10,0,8.6,50.0%,0.8,1.6,,0.0,0.0,30.0%,0.3,1.0,2.3,0.9,1.4,0.0,0.1,0.4,0.6,1.5,1.9
布里安特-韦伯,7,0,6.6,35.7%,0.7,2.0,0.0%,0.0,0.4,66.7%,0.3,0.4,0.6,0.0,0.6,0.7,0.4,0.1,0.4,0.6,1.7
安德森-瓦莱乔,14,1,6.5,35.7%,0.4,1.0,,0.0,0.0,72.7%,0.6,0.8,1.9,0.9,1.1,0.7,0.2,0.2,0.6,1.1,1.3
```

图 11-9　16—17 赛季金州勇士队球员数据

雷达图的绘制本身比较复杂,但是有人完成了 js 的库函数,我们可以直接引用,并通过样式文件修改样式。因为雷达图的 js 库是根据 D3 的 v3 版本编制,因此此处临时改为 D3 的 v3 版本。

```
<link rel="stylesheet" href="../radar-chart/radar-chart.css">
<script type="text/javascript" src="../d3js/d3.js"></script>
<script type="text/javascript" src="../radar-chart/radar-chart.js">
</script>
```

然后我们就只需要把数据按照库的要求调整,就可以完成绘图了。这里需要把球员作为类别 classname,把希望对比的属性作为 axes。最后,调整雷达图的一些基本参数,完成绘制,完整代码如例 11-1 所示。

**【例 11-1】** 绘制金州勇士队的各个球员在 16—17 赛季中常规赛的数据雷达图。

```
<!DOCTYPE html>
<html lang="en">
<head>
    <meta charset="UTF-8">
    <link rel="stylesheet" href="../radar-chart/radar-chart.css">
    <script type="text/javascript" src="../d3js/d3.js"></script>
    <script type="text/javascript" src="../radar-chart/radar-chart.js">
</script>
</head>
<body>
    <p>金州勇士队 Golden State Warriors(GSW) 16—17 赛季 常规赛</p>
    <div class="radar-chart" id="myChart"></div>
</body>
<script type="text/javascript">
    async function radarChart(){
        var svg=d3.select("#myChart");

        d3.csv("../data/nba-gsw.csv",function(d,j,columns){
            for(var i=1;i<columns.length;i++){
                var _this=columns[i];
                try{
                    var _index=d[_this].toString().indexOf("%");
                    if(_index>=0){
                d[_this]=+d[_this].toString().substr(d[_this],d[_this].
length-1);
                    }
                }catch(e){
                console.log(d,_this);
                }
                d[_this]=+d[_this]
            }
            return d;
        },function(error,data){
            if(error){throw error;}
            //console.log(data);
```

```
        //转换数据格式
        var yType = ['篮板','助攻','失误','犯规'];
        var convertData = [];
        data.forEach(function(d){
            var temp = {};
            temp.className = d['球员'];
            temp.axes = [];
            for(var i = 0;i < yType.length;i + +){
                temp.axes.push({"axis":[yType[i]],"value":d[yType[i]]})
            }
            convertData.push(temp);
        });
        //设置雷达图配置参数
        //console.log(convertData);
        RadarChart.defaultConfig.radius = 5;
        RadarChart.defaultConfig.w = 150;
        RadarChart.defaultConfig.h = 150;
        //绘制雷达图
        RadarChart.draw("#myChart",convertData);
    });
  }
  radarChart();
</script>
</html>
```

完成的雷达图如图 11 - 10 所示。

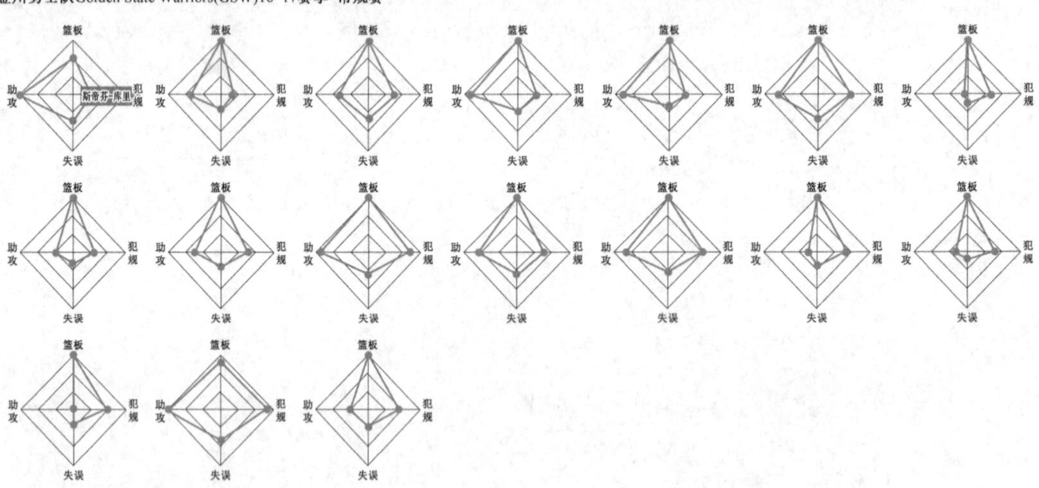


图 11 - 10　金州勇士队球员在 16—17 赛季中常规赛的数据雷达图(示意图)

## 11.3.2　平行坐标图

同样是 NBA 球员的数据，如果我们希望了解不同的表现之间是否有关联关系，那么更合适的方法就是用平行坐标图了。我们用同样的案例完成平行坐标图。

平行坐标图最主要的就是有多个 $y$ 轴，因此 $y$ 坐标轴也是多个。首先确定 $x$ 轴的比例尺和颜色比例尺，将 $y$ 轴的比例尺预设为空。

```
var x = d3.scaleBand().rangeRound([0,width]).domain(yType),
    y = {};//y 轴有多个根据数据生成→yType
var colors = d3.scaleOrdinal().range(d3.schemeCategory10);
```

读取数据后，首先是设置多个 $y$ 坐标轴的比例尺，然后为每个参数绘制坐标轴，最后为每一个球员绘制一条线，根据属性对应的 $y$ 轴比例尺来调整折线。完整代码如例 11-2 所示。

**【例 11-2】**　绘制金州勇士队的各个球员在 16—17 赛季中常规赛的数据平行坐标图。

```
<!DOCTYPE html>
<html lang="en">
<head>
    <meta charset="UTF-8">
    <script type="text/javascript" src="../d3js/d3.v7.min.js"></script>
</head>
<body>
<p>金州勇士队 Golden State Warriors(GSW) 16—17 赛季 常规赛</p>
</body>
<script type="text/javascript">
    async function parallelChart (){
        var svg = d3.select("body")
            .append("svg")
            .attr("width",1200)
            .attr("height",500);

        //设置报表与 svg 容器的 margin 相当于 svg 的 padding
        var margin = {top:30,right:20,bottom:20,left:50},
            //报表的真实宽
            width = svg.attr("width") - margin.left - margin.right,
            //报表的真实高
            height = svg.attr("height") - margin.top - margin.bottom,
            //g 标签在界面中起到包裹作用,此处的 g 作为报表容器

g = svg.append("g").attr("transform","translate(" + margin.left + ","
" + margin.top + ")");

        var data = await d3.csv("../data/nba-gsw.csv",function(d,j,columns){
            for(var i = 1;i < columns.length;i++){
                var _this = columns[i];
```

```
            try{
                var _index = d[_this].toString().indexOf("% ");
                if(_index > =0){
d[_this] = +d[_this].toString().substr(d[_this],d[_this].length - 1);
                }
            }catch(e){
                console.log(d,_this);
            }
            d[_this] = +d[_this]
        }
        return d;
    });
    //console.log(data);
    var yType = ['出场','时间','投篮','罚球','三分','篮板','助攻','失误','
犯规','得分'];
    //设置 X 轴比例尺
    var x = d3.scaleBand().rangeRound([0,width]).domain(yType),
        y = {};//y 轴有多个根据数据生成→yType
    var colors = d3.scaleOrdinal().range(d3.schemeCategory10);
    //设置 Y 轴比例尺
    yType.forEach(function(d) {
        if (d = = '球员') {
            y[d] =d3.scaleBand().rangeRound([height,0])
                .domain(data.map(function(n) {
                    return n[d]
                }))
        } else {
            y[d] =d3.scaleLinear()
                .rangeRound([height,0])
                .domain([0,d3.max(data,function(n) {
                    return n[d]
            })])
        }
    });
    //绘制多个 Y 轴
    var axis = g.selectAll(".axis - type").data(yType)
        .enter().append("g")
        .attr("class","axis - type")
        .attr("transform",function(d) {
            return "translate(" + x(d) + ")";
        });
    axis.append("g")
        .attr("class","axis axis-y")
        .each(function(d){
```

```
                d3.select(this).call(d3.axisLeft(y[d]).ticks(data.length))
            })
        axis.append("text")
            .attr("dy","-10")
            .attr("text-anchor","middle")
            .text(function(d){
                return d;
            });
        //绘制每位球员的折线
        var line = d3.line();
        g.selectAll(".data-path")
            .data(data)
            .enter().append("path")
            .attr("class","data-path")
            .attr("fill","none")
            .attr("stroke-width","2")
            .attr("stroke",function(d,i){
                //console.log(colors(i));
                return colors(i);
            })
            .attr("d",function(d){
                return line(yType.map(function(n){
                    return [x(n),y[n](d[n])]
                }))
            });
    }
    parallelChart();
</script>
</html>
```

这里折线路径比较难理解，根据调试显示实时数据图 11 - 11 可以看出，$n$ 代表的是每个属性，$x(n)$ 就是 $x$ 轴映射的位置，$d[n]$ 就是当前球员在这个属性上的值，$y[n]$ 就是针对这个属性的 $y$ 轴比例尺，$y[n](d[n])$ 就是在这个 $y$ 轴比例尺的位置。这样就可以连接各个点了。

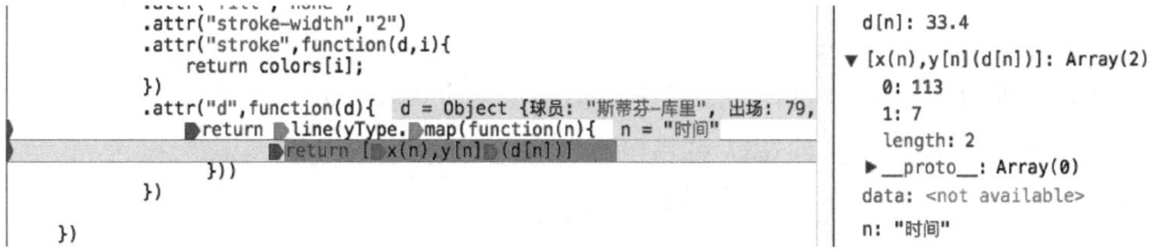

```
            .attr("stroke-width","2")
            .attr("stroke",function(d,i){
                return colors[i];
            })
            .attr("d",function(d){  d = Object {球员: "斯蒂芬-库里", 出场: 79,
                return line(yType.map(function(n){  n = "时间"
                    return [x(n),y[n](d[n])]
                }))
            })
    })
```

```
d[n]: 33.4
▼ [x(n),y[n](d[n])]: Array(2)
    0: 113
    1: 7
    length: 2
  ▶ __proto__: Array(0)
data: <not available>
n: "时间"
```

图 11 - 11　折线路径数据内容

完成的图形如图 11－12 所示。

金州勇士队 Golden State Warriors(GSW)16-17赛季 常规赛

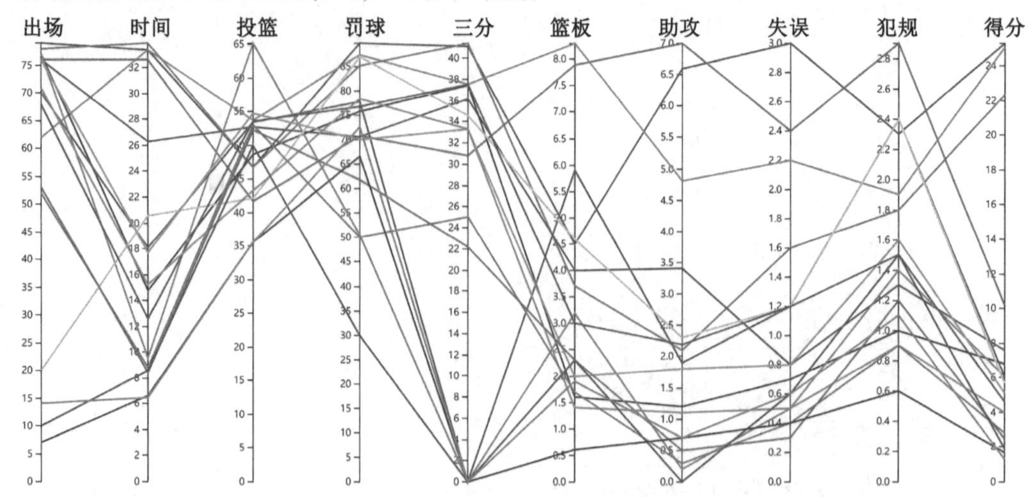


**图 11－12　金州勇士队球员在 16—17 赛季中常规赛的数据平行坐标图**

## 11.4　小结

- 高维多元数据是指每个数据对象有两个或两个以上的独立(多维度)或是相关(多元)属性的数据。
- 二维或三维数据都可以用常规的可视化方法表示,例如通过散点图。
- 对于高维数据,一种常用的方法是散点图矩阵,就是散点图的扩展。
- 表格透镜是传统表格的扩展,并不直接列出数据的值,而是将数值用水平横条或点来表示,因为点或横条占用空间较少,可以在有限的屏幕空间中显示大量的数据和属性。
- 平行坐标是展示多元数据的另一种有效方法。采用相互平行的坐标轴,每个坐标轴代表数据的一个属性,因此每个数据对象对应于一条穿过所有坐标轴的折线。
- 星形图又称为雷达图,可以看成平行坐标的极坐标版本,多元数据的每一个属性由一个坐标轴表示,每个坐标轴上点的位置由数据属性的值决定,折线连接所有坐标轴上的点,围成一个星形区域。
- 马赛克图通过空间划分的方法展示多元类别型数据的统计信息。
- 完成一个雷达图表示多个 NBA 球员的表现。
- 通过一个平行坐标图完成球员表现的可视化。

扫码得第 12 章
全部彩图

# 第 12 章

# 数据分布的可视化

## 学习目标

- 了解可视化数据分布的方法
- 能够根据数据情况选择合适的方法展现数据的分布
- 完成部分数据分布的可视化图表

## 能力目标

- 能够根据数据选择合适的表现数据分布的可视化图表
- 能够合理地设计表现分布的可视化图表
- 能够通过 D3 完成常见的分布类型的图表

## 12.1 数据分布

当我们拿到一组大量的数据,我们怎么能快速了解到这组数据的范围和基本特性呢?我们通常用平均数或中位数、峰值、谷值等统计的概念。这是帮助我们快速了解一组数据基本情况的基本方法。对原始数据和概要统计之间进行对比,更有助于我们发现问题。

如图12－1所示,如果一个房间里有100个成年人,身高各不相同。对原始数据进行排序,可以迅速确定最高和最矮的人,通过中位数可以知道50个人高于此身高,49个人低于此身高。

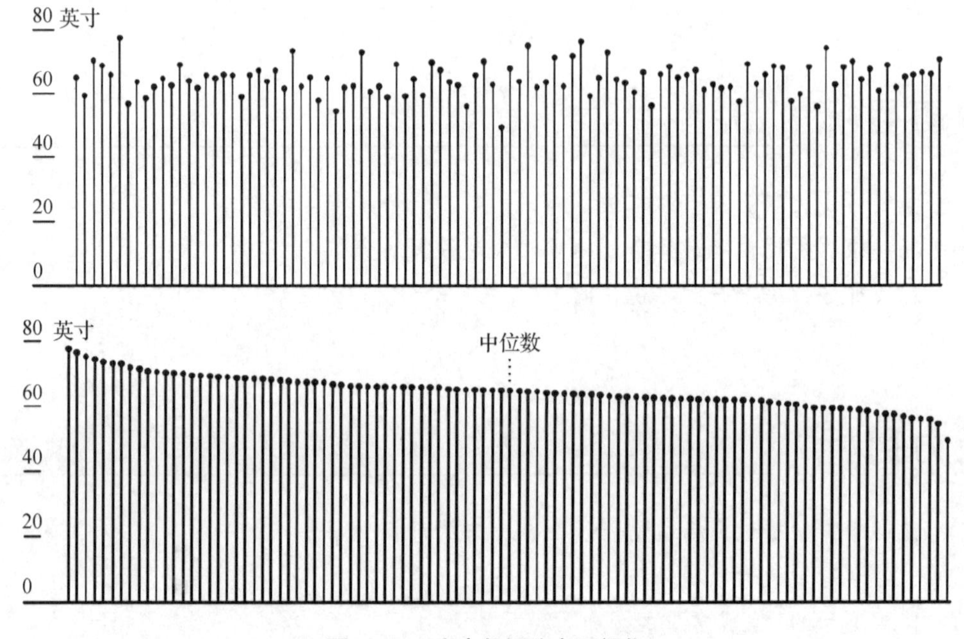


**图12－1　身高数据分布可视化**

但是如果想知道哪个身高段的人最多,可以按照身高进行分类,如图12－2左的散点图。更方便的方法是图12－2右的柱状图,也就是直方图,能够更直观地了解数据的分布情况。

直方图是最常用的表示数据分布情况的图表,选择不同的箱宽度会从不同粒度了解数据分布。如图12－3所示,我们可以看到刚刚的直方图以1英寸[①]、2英寸、半英尺[②]到1英尺作为箱宽度的直方图,非常不一样,隐藏了大量细节分布。

---

① 1英寸＝2.54厘米

② 1英尺＝30.48厘米

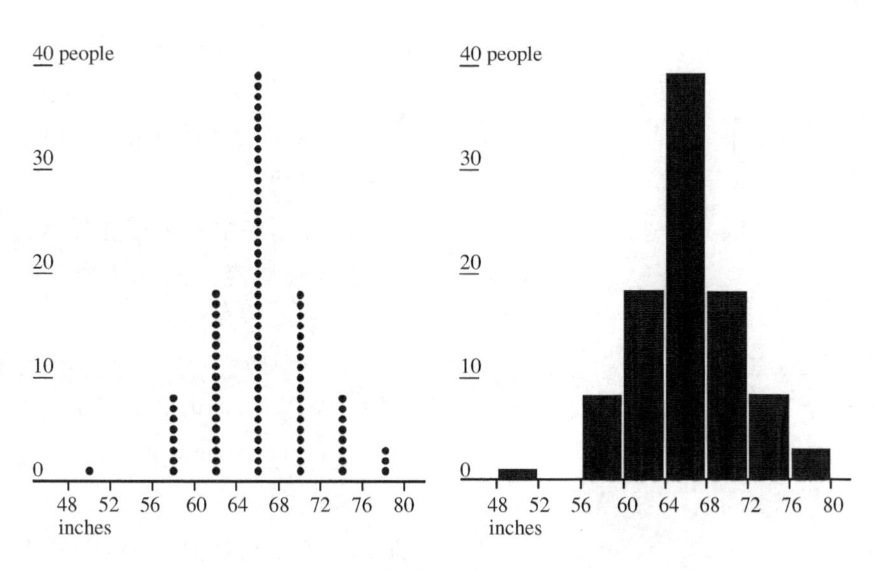


图 12-2　身高数据分布的散点图(左)和直方图(右)

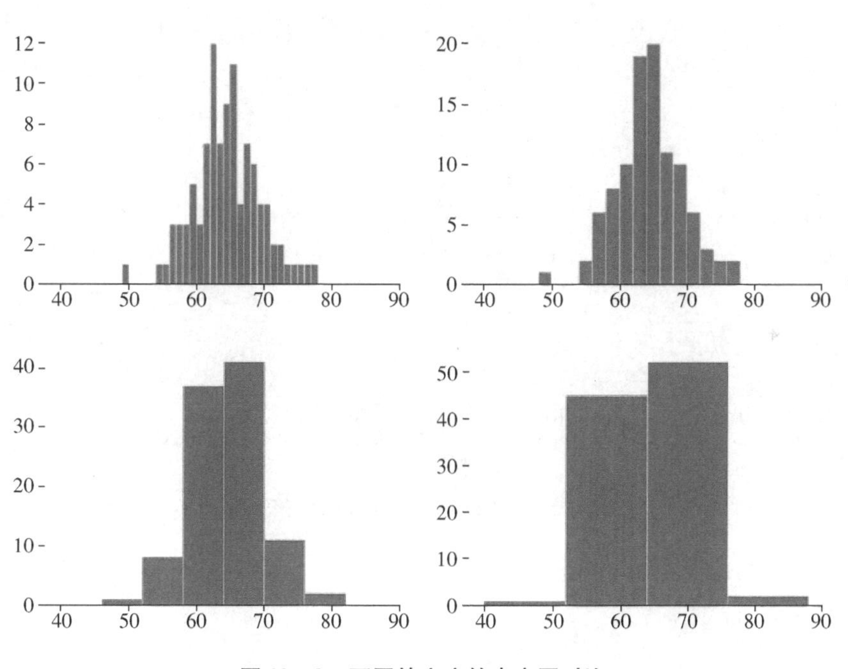


图 12-3　不同箱宽度的直方图对比

## 12.1.1　一维数据分布

### 1）箱形图

可以用箱形图来快速了解数据的统计信息。箱形图是通过一组连续数值的最大值、最小值、上四分位、下四分位、中位线这五个元数据进行绘制的，映射到 $y$ 轴，可以快速了解数

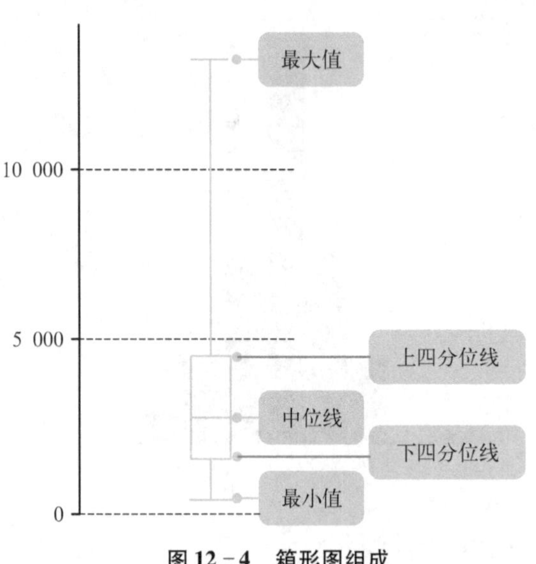

图 12－4　箱形图组成

据的分布和异常值,如图 12－4 所示。

从箱形图中我们可以观察到:

✓ 一组数据的关键值:中位数、最大值、最小值等。

✓ 数据集中是否存在异常值,以及异常值的具体数值。

✓ 数据是否对称。

✓ 这组数据的分布是否密集、集中。

✓ 数据是否扭曲,即是否有偏向性。

我们以经典的鸢尾花数据为例,首先用箱形图将不同种类的鸢尾花的花萼和花瓣的长度、宽度数据展示出来,同时我们还可以比较不同品种间花瓣和花萼数据是如何变化的,如图 12－5 所示。

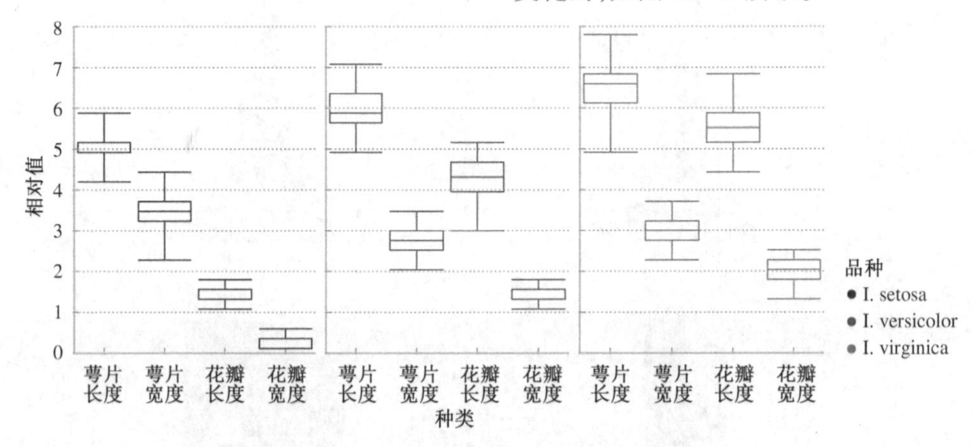

图 12－5　不同种类鸢尾花数据箱形图

为了更清晰地比较不同品种间相同属性数值的区别,可以将图 12－5 变化为如图 12－6 所示的二维多个箱形图形式。

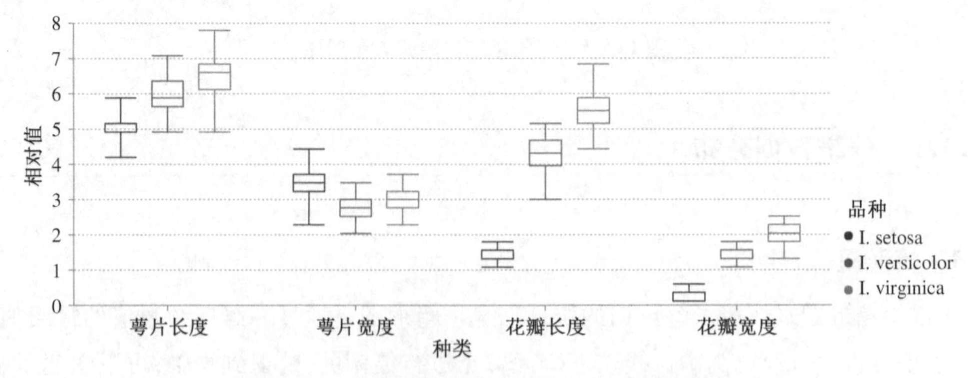

图 12－6　不同种类鸢尾花同类数据对比箱形图

**2）小提琴图**

对箱形图进一步扩展，可以将箱形图和密度图组合，组成了小提琴图。*y* 轴代表密度分布，将密度的数值左右对称展示，既展示了分位数的位置，又可以展示任意位置的密度，如图 12－7 所示。也可以将多个小提琴图放到一起比较，如图 12－8 所示。

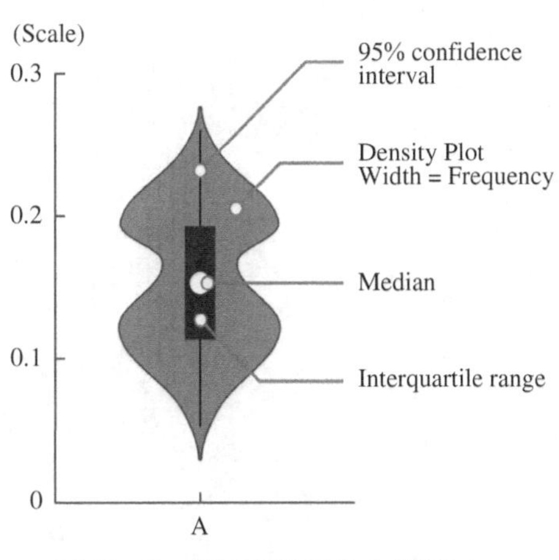


图 12－7　鸢尾花数据的小提琴图

如图 12－8 所示，我们继续采用鸢尾花的数据，将萼片长度数据的箱形图和小提琴图进行对比，可以看到小提琴图提供了更多密度分布的细节，可以看出 setosa 类型的萼片长度大部分都在平均数附近，数据分布更加集中，而 virginica 品种正好相反。

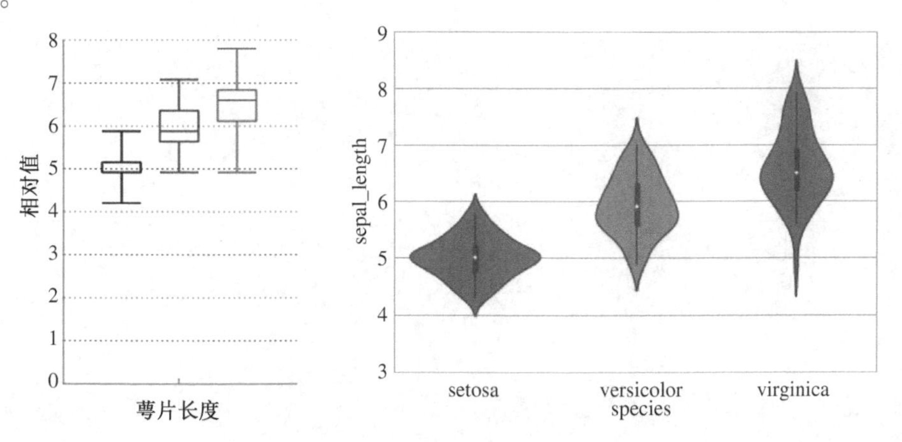


图 12－8　鸢尾花数据的箱形图与小提琴图对比

## 12.1.2　多维数据的分布

针对多维数据的分布，经常用颜色来进行视觉编码。

**1）热力图**

热力图是非常特殊的一种图，其使用场景通常比较有限。通常是两个连续数据分别映射到 *x*、*y* 轴，第三个连续数据映射到颜色，如图 12－9 所示。这些数据通常有两种获取途径：从原始数据里取出相应数据字段直接输入，或通过统计得到区域数据密度元数据并映射到颜色。

热力图与数据分布相关，可以不需要坐标轴，其背景常常是图片或是地图。热力图一般情况用其专有的色系彩虹色系(rainbow)。例如，图 12－10 是反映杭州租房价格分布的热力图，就是在地图上通过颜色表示租房价格，红色区域较高，绿色区域较低。

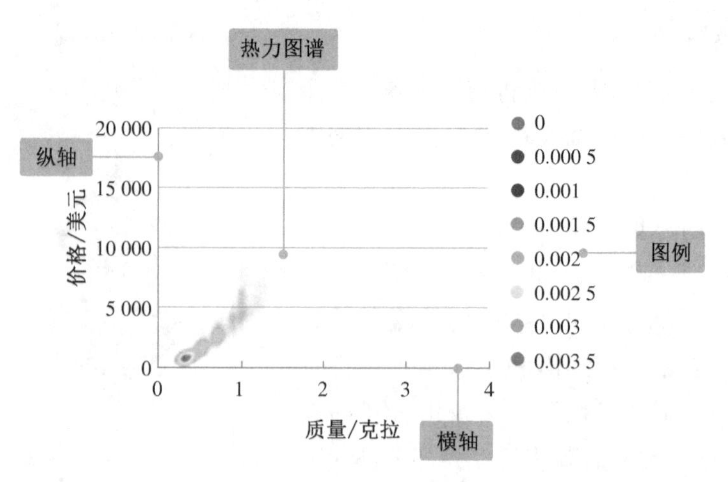


图 12－9　一般热力图组成

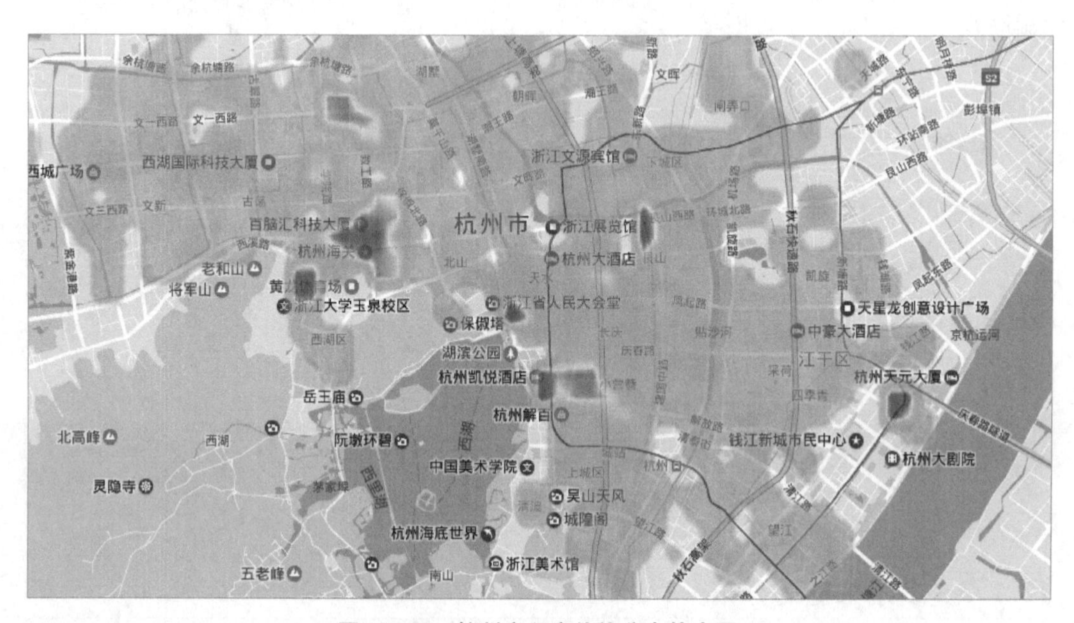


图 12－10　杭州市租房价格分布热力图

图 12－11 是网页点击分析的热力图例子，针对绘制区域里每个点的概率密度，映射到颜色，反映当前点的概率密度数据。

**2）曲面图**

还有一种多维分布的图称为曲面图，它和热力图类似，但是除了颜色，还可增加高度作为数据的视觉编码方式，在科学研究的场景中使用较多，如图 12－12 所示。

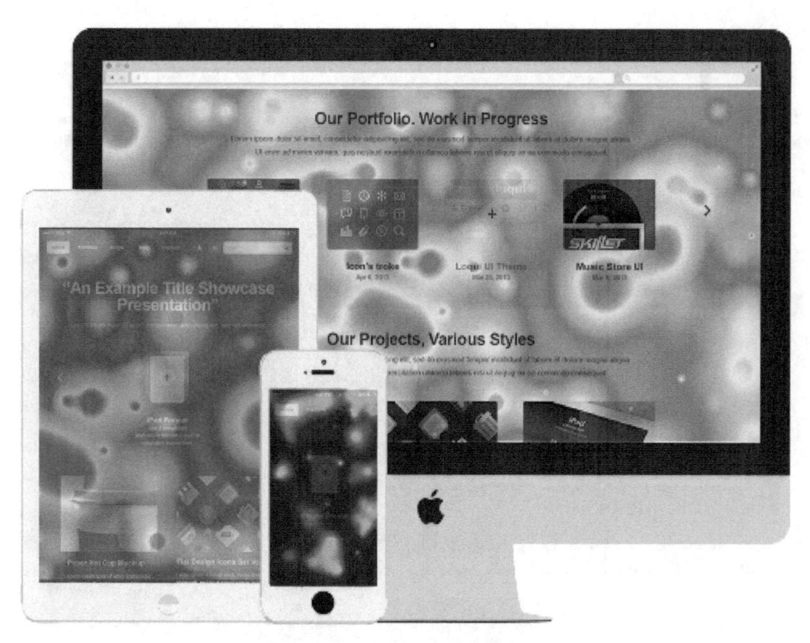


图 12－11　网页点击热力图

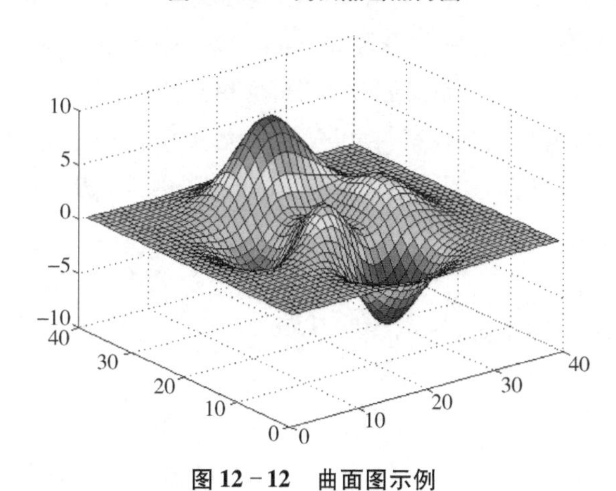


图 12－12　曲面图示例

## 12.2　分类图形的绘制

### 12.2.1　直方图

表示数据分布的常见图表是直方图，我们还是通过上海市 2016 年的每日最高气温数据来演示。

直方图从外观上看跟柱形图类似，因此我们也先设置 $x$ 轴、$y$ 轴比例尺。

```
varx = d3.scaleLinear().rangeRound([0,width]);
vary = d3.scaleLinear().rangeRound([height,0]);
```

读取数据后过滤出最高气温的数据，并通过 extent 方法获取所有温度数据的区间，作为 $x$ 轴的定义域。然后可以绘制 $x$ 轴。

```
const data = await d3.csv("../data/shanghai_2015_2017.csv",function(d){
            if(d["日期"].indexOf("2016") > =0){
                d["最高气温"] = +d["最高气温"];
                return d["最高气温"];
            }}
        );
//console.log(data);

x.domain(d3.extent(data));
g.append("g").attr("class","axis axis-x")
    .attr("transform","translate(0," + height + ")")
    .call(d3.axisBottom(x).ticks(50));
```

下面是最重要的部分，D3 提供了直方图的布局 d3. histogram( )，帮助我们把原始数据转换成直方图需要显示的数据。这里面设置 domain 参数，表示直方图的输入范围，超过这个范围的数据就被忽略。还设置了 thresholds 参数，这里是为指定的数组设定阈值，比如[$x0$，$x1$，…]。任何比 $x0$ 小的值被放置在第一个区间中，大于等于 $x0$ 但是小于 $x1$ 的被放置在第二个区间中，依此类推，最终直方图生成器将包含 thresholds. length + 1 个区间。这里我们用 $x$ 轴比例尺的刻度来设置。

```
varhistogram = d3.histogram()
            .domain(x.domain())
            .thresholds(x.ticks(50));

vardata = histogram(csvData);
```

然后我们就可以绘制 $y$ 坐标轴，根据 histogram 布局转换过的数据绘制长方形。完整代码如例 12 - 1 所示。

**【例 12 - 1】** 绘制上海市 2016 年每日最高气温的直方图。

```
<!DOCTYPE html>
<html lang = "en">
<head>
    <meta charset = "UTF-8">
    <script type = "text/javascript" src = "../d3js/d3.v7.min.js"></script>
</head>
<body>
<p>2016 年上海温度分布天数</p>
</body>
<script>
```

```
async function shanghaihist(){
    var svg=d3.select("body")
        .append("svg")
        .attr("width",800)
        .attr("height",300);
    //设置报表与 svg 容器的 margin 相当于 svg 的 padding
    var margin={top:20,right:60,bottom:30,left:30},
        //报表的真实宽
        width=svg.attr("width")-margin.left-margin.right,
        //报表的真实高
        height=svg.attr("height")-margin.top-margin.bottom,
        //g 标签在界面中起到包裹作用,此处的 g 作为报表容器
g=svg.append("g").attr("transform","translate("+margin.left+",
"+margin.top+")");
    //设置比例尺
    var x=d3.scaleLinear().rangeRound([0,width]);
    var y=d3.scaleLinear().rangeRound([height,0]);
    //读取数据
    const data=await d3.csv("../data/shanghai_2015_2017.csv",function(d){
        if(d["日期"].indexOf("2016")>=0){
            d["最高气温"]=+d["最高气温"];
            return d["最高气温"];
        }}
    );
    //console.log(data);
    //绘制 x 轴
    x.domain(d3.extent(data));
    g.append("g").attr("class","axis axis-x")
        .attr("transform","translate(0,"+height+")")
        .call(d3.axisBottom(x).ticks(50));
    //将数据转换为直方图布局
    var histogram=d3.histogram()
        .domain(x.domain())
        .thresholds(x.ticks(50));
    var dataHist=histogram(data);
    //绘制 y 轴
    y.domain([0,d3.max(dataHist,function(d){return d.length;})]);
    g.append("g").attr("class","axis axis-y")
        .call(d3.axisLeft(y));
    //绘制直方图
    g.selectAll("rect").data(dataHist)
        .enter().append("rect")
        .attr("x",function(d){
```

```
            return x(d.x0);
        })
        .attr("y",function(d){
            return y(d.length);
        })
        .attr("width",function(d){
            return x(d.x1) - x(d.x0);
        })
        .attr("height",function(d){
            return height-y(d.length);
        })
        .attr("fill","steelblue");
    }
    shanghaihist();
</script>
</html>
```

我们可以调试看到转换后的数据结构,dataHist 是个数组,$x0$、$x1$ 代表范围,length 代表有多少个数在这个范围,而在这个范围内的数据都显示到 0、1 等键值中(如图 12-13)。

```
▼ Array(44)
  ▶ 0: [-4, x0: -4, x1: -3]
  ▶ 1: [x0: -3, x1: -2]
  ▶ 2: [x0: -2, x1: -1]
  ▶ 3: [-1, x0: -1, x1: 0]
  ▶ 4: [x0: 0, x1: 1]
  ▶ 5: [x0: 1, x1: 2]
  ▶ 6: [2, x0: 2, x1: 3]
  ▶ 7: [3, x0: 3, x1: 4]
  ▶ 8: (2) [4, 4, x0: 4, x1: 5]
  ▶ 9: (6) [5, 5, 5, 5, 5, 5, x0: 5, x1: 6]
  ▼ 10: Array(9)
      0: 6
      1: 6
      2: 6
      3: 6
      4: 6
      5: 6
      6: 6
      7: 6
      8: 6
      x0: 6
      x1: 7
      length: 9
    ▶ [[Prototype]]: Array(0)
  ▶ 11: (7) [7, 7, 7, 7, 7, 7, 7, x0: 7, x1: 8]
```

**图 12-13　dataHist 数据结构**

完成的图形如图 12－14 所示，我们可以看到温度在 26 ℃到 27 ℃之间的日子最多。

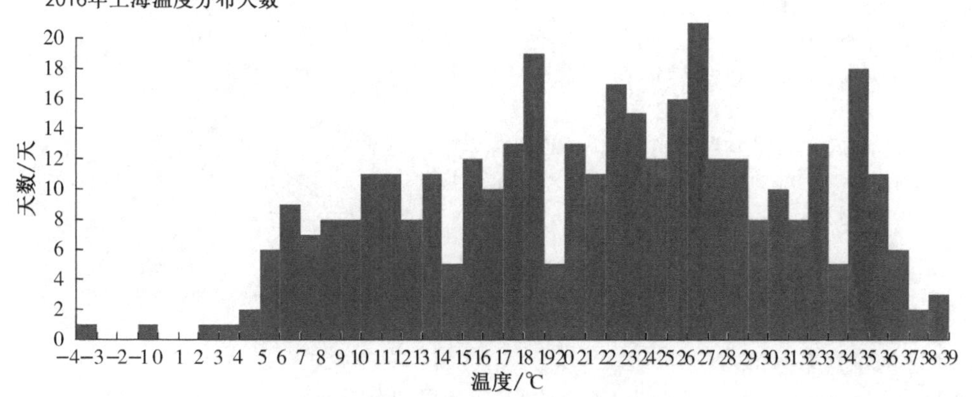


**图 12－14　例 12－1 完成的直方图**

但是，我们也发现这个直方图有一些不方便的地方，我们希望能对天数一目了然，另外，不同的箱宽度大小会影响对分区趋势的判断。我们还可以优化这个直方图。

我们把箱宽度放到 2 度左右，修改 $x$ 坐标轴的刻度密度。

```
g.append("g").attr("class","axis axis-x")
            .attr("transform","translate(0," + height + ")")
            .call(d3.axisBottom(x).ticks(25));
varhistogram = d3.histogram()
            .domain(x.domain())
            .thresholds(x.ticks(25));
```

然后增加文字显示，我们刚才看到，转换过的数据中，length 就代表了区间的天数。

```
//绘制直方图
var bar = g.selectAll(".bar").data(dataHist)
            .enter().append("g")
            .attr("class","bar")
            .attr("transform",function(d){
                return "translate(" + x(d.x0) + "," + y(d.length) + ")";
            });
bar.append("rect")
      .attr("x","1")
      .attr("width",function(d){
          return x(d.x1) - x(d.x0);
      })
      .attr("height",function(d){
          return height-y(d.length);
      })
      .attr("stroke-width","1")
      .attr("stroke","#fff")
      .attr("fill",d3.schemeCategory10[0]);
```

```
//增加文字
        bar.append("text")
            .attr("text-anchor","middle")
            .attr("x","1")
            .attr("y","-2")
            .attr("dx",function(d){
                return (x(d.x1) - x(d.x0))/2
            })
            .text(function(d){
                return d.length;
            });
        //增加坐标单位
g.append("text").attr("x","0").attr("y","0").attr("dx","-20").attr("
text-anchor","middle").text("day");
g.append("text").attr("x",width+20).attr("y",height).attr("dy","20").
attr("text-anchor","middle").text("°C");
```

这样的直方图就更清晰易读,分布趋势也更明显,如图 12-15 所示。

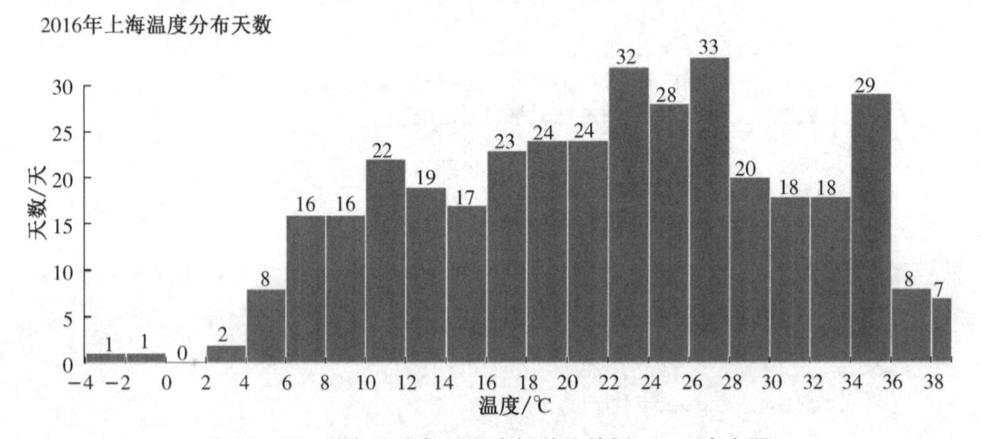


**图 12-15　增加文字标识和坐标单位的例 12-1 直方图**

## 12.2.2　箱形图

箱形图是表现数据分布的常用方法,我们这里用经典的鸢尾花数据来绘制箱形图。

因为箱形图是常见但是比较难绘制的图形,我们根据官网样例中提供的库函数完成绘制。

```
<script type="text/javascript" src="../js/d3-box.js"></script>
```

设定箱形图绘制的参数,这里的触须是 IQR(四分位差)的 1.5 倍。整个高度是绘制区域的高度。

```
varchart = d3.box()
        .whiskers(iqr(1.5))
        .height(height);
```

因为我们读入的是 JSON 数据,完成数据转换后可以进行绘图,并且可以根据不同的花瓣属性通过交互完成展示。完整代码如例 12 - 2 所示。

**【例 12 - 2】** 绘制鸢尾花(iris)花萼以及花瓣的统计数据的箱形图,并可以通过点击按钮进行数据切换展示。

```
<!DOCTYPE html>
<html lang="en">
<head>
    <meta charset="UTF-8">
    <script type="text/javascript" src="../d3js/d3.v7.min.js"></script>
    <script type="text/javascript" src="../d3js/d3-box.js"></script>
    <style>
        .box {
            font: 10px sans-serif;
        }

        .box line,
        .box rect,
        .box circle {
            fill: #fff;
            stroke: #000;
            stroke-width: 1.5px;
        }

        .box .center {
            stroke-dasharray: 3,3;
        }

        .box .outlier {
            fill: none;
            stroke: #ccc;
        }
        button{margin-right: 10px;}
        button.current{background-color:#0078A8;color:#fff;border-color:#
0078A8}
    </style>
</head>
<body>
<p>I. setosa, I. versicolor, I. virginica</p>
<section><button class="current">萼片长度</button><button>萼片宽度
</button><button>花瓣长度</button><button>花瓣宽度</button>
</section>
```

```
</body>
<script type="text/javascript">
    async function irisBox(){
        var svg = d3.select("body")
            .append("svg")
            .attr("width",800)
            .attr("height",300);
        //设置报表与 svg 容器的 margin 相当于 svg 的 padding
        var margin = {top:20,right:30,bottom:30,left:40},
            //报表的真实宽
            width = svg.attr("width") - margin.left - margin.right,
            //报表的真实高
            height = svg.attr("height") - margin.top - margin.bottom,
            //g 标签在界面中起到包裹作用,此处的 g 作为报表容器
g = svg.append("g").attr("transform","translate(" + margin.left + ","
" + margin.top + ")");
        var filterKey = '萼片长度';
        //读取数据
        var dataOrign = await d3.json("../data/iris_flower_data.json");
        //使用封装好的 box 布局
        var chart = d3.box()
            .whiskers(iqr(1.5))
            .height(height);
        //根据 filterKey 选择并转换数据
        var data = convert(dataOrign,filterKey);
        //console.log(data);
        //绘制箱形图
        var w = 30;
        chart.width(w);
        var boxPlots = g.selectAll(".box").data(data).enter()
            .append("g")
            .attr("class","box")
            .attr("width",w)
            .attr("height",height)
            .attr("transform",function(d,i){
                return "translate(" + i* (width/data.length) + ",0)"
            })
            .call(chart);
        //添加按钮事件,用于切换展示数据
        d3.selectAll("button").on("click",function(){
            var d = convert(dataOrign,this.innerText);
            d3.selectAll("button.current").classed("current",false);
```

```
        d3.select(this).classed("current",true)
            boxPlots.data(d).call(chart.duration(1000))
        });

        function convert(jsondata,type){
            var data = d3.groups(jsondata,(d) = >d['品种']);
            //console.log(data);

            var temp = [];
            data.forEach(function(d){
                var inner = [],i = 0;
                console.log(d[1][0]);
                while(d[1].length > i){
                    inner.push(d[1][i][type]);
                    i + +;
                }
                temp.push(inner)
            });
            chart.domain([d3.min(jsondata,function(d){return d[type]}),d3.
max(jsondata,function(d){return d[type]})]);
            return temp;
        }

        function iqr(k){
            return function(d,i){
                var q1 = d.quartiles[0],
                    q3 = d.quartiles[2],
                    iqr = (q3 - q1)* k,
                    i = -1,
                    j = d.length;
                while (d[ + +i] < q1 - iqr);
                while(d[ - -j] > q3 + iqr);
                return[i,j];
            };
        }
    }
    irisBox();
</script>
</html>
```

最终完成效果如图 12 - 16 所示。

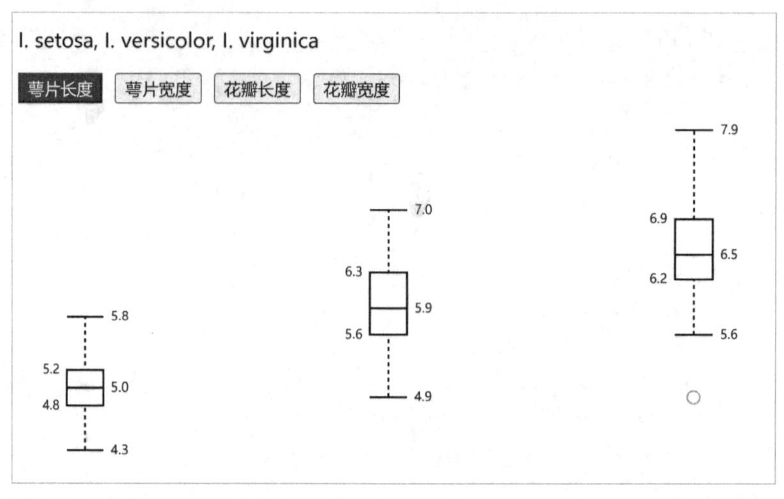


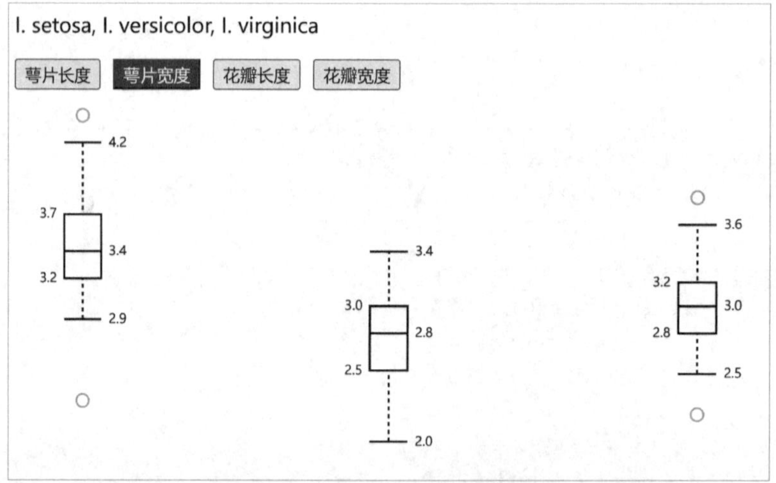


**图 12－16　例 12－2 完成的箱形图**

## 12.3　小结

• 直方图是最常用的表示数据分布情况的图表，选择不同的箱宽度会从不同粒度了解数据分布。

• 用箱形图来快速了解数据的统计信息，箱形图是通过一组连续数值的最大值、最小值、上四分位、下四分位、中位线这五个元数据进行绘制，映射到 $y$ 轴，可以快速了解数据的分布和异常值。

• 对箱形图进一步扩展，可以将箱形图和密度图组合，组成了小提琴图。

• 针对多维数据的分布，经常用颜色来进行视觉编码，例如热区图。

• 通过 D3 实现直方图和箱形图的绘制。

扫码得第 13 章
全部彩图

# 第 13 章 带动画和交互的可视化

## 学习目标

- 了解通过数据完成叙述的常用方式
- 了解动画和交互在可视化中的作用
- 完成简单带交互的可视化作品

## 能力目标

- 能够根据实际场景选择合适的交互和动画方式
- 能够组合图表、动画和交互完成完整的数据仪表板
- 能够利用工具完成仪表盘和图表叙述

## 13.1 交互的作用

数据可视化的系统除了视觉呈现的部分,另一个非常重要的要素是用户交互。交互是通过与系统之间的对话和互动来操控和理解数据过程。如果只是静态的图片或是自动播放的视频,虽然也能够在一定程度上帮助用户理解数据,但是效果非常有限。特别是在现在数据量非常大、数据结构也非常复杂的情况下,有限的可视化空间大大限制了静态可视化的效果。交互往往在以下两个方面让可视化更加有效:

✓ 缓解有限的可视化空间和数据过载之间的矛盾。

首先,有限的屏幕尺寸不足以显示海量的数据。其次,常用的二维显示平面对复杂数据的可视化也提出了挑战。例如多元数据,通过交互可以帮助拓展可视化的信息表达维度和空间。

✓ 交互能让用户更好地参与对数据的理解和分析。

对于可视化分析系统来说,其目的不只是向用户传递定制好的信息,更是提供平台和工具帮助用户探索数据,得到结论。在这样的系统中,交互是必不可少的。

## 13.2 交互技术

交互技术多种多样,每种交互技术适合特定的可视化设计场景。本节简单介绍一些基本的交互方法的基本思路、特性、适应范围和案例。

### 13.2.1 选择

当数据以非常复杂的方式展现给用户的时候,必须有一种方式能使用户标记其感兴趣的部分,以便跟踪变化情况。通过鼠标或其他硬件进行选择是最常用的交互手法之一。我们通常在选择数据点的时候会显示标签,这就是选择的交互方式。其中也有一些问题需要注意,如果数据点非常密集,选择就会有难度,通常要允许放大视图,便于选择数据。另外,对标签的设计也要注意必须容易解读,明确指向数据点,以及互不遮挡等。

图 13－1 是经济合作组织(OECD)对各个国家的幸福指数的可视化作品(http://www.oecdbetterlifeindex.org),选取某一个国家的花形图表就会进一步显示这个国家的各项指数。这个标签通过柱状图和国家名表达得非常明晰。

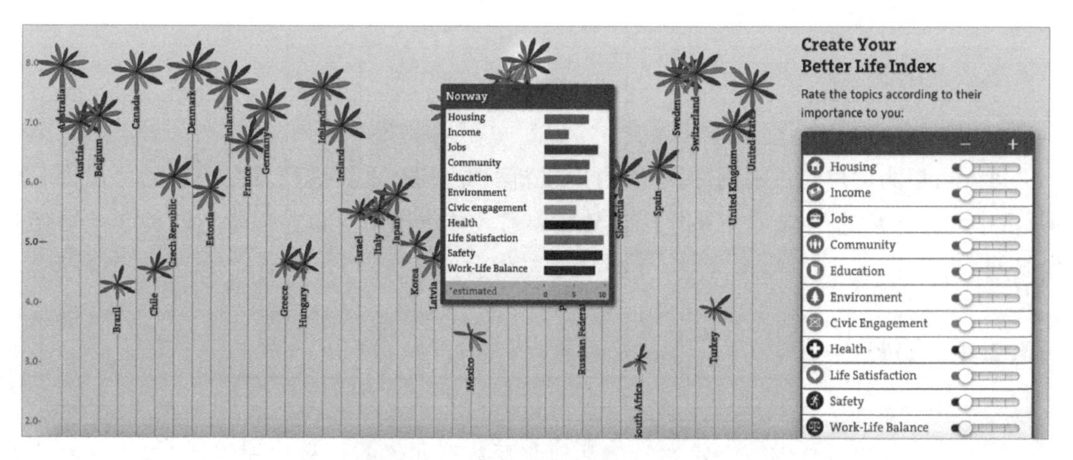


图 13－1 可视化图中的选择标记

## 13.2.2 导航

导航是可视化系统中最常见的交互手段之一。当可视化数据空间更大的时候,通过选定区域看到局部数据,并通过改变焦点观察其他部分的数据。缩放、平移和旋转是导航中三个最基本的动作。可以通过缩放查看细节和宏观,平移查看超出视线范围的部分,旋转查看不同的方向。

图 13－2 是 plot. ly 上关于 200 多个国家和地区 GDP 和寿命期望的展示图(https://plot. ly/~cimar/211/life-expectancy-v-per-capita-gdp-2007/),可以通过缩放、平移等方法详细查看每个国家或地区的具体数据,也可以查看某个范围内的所有国家情况。

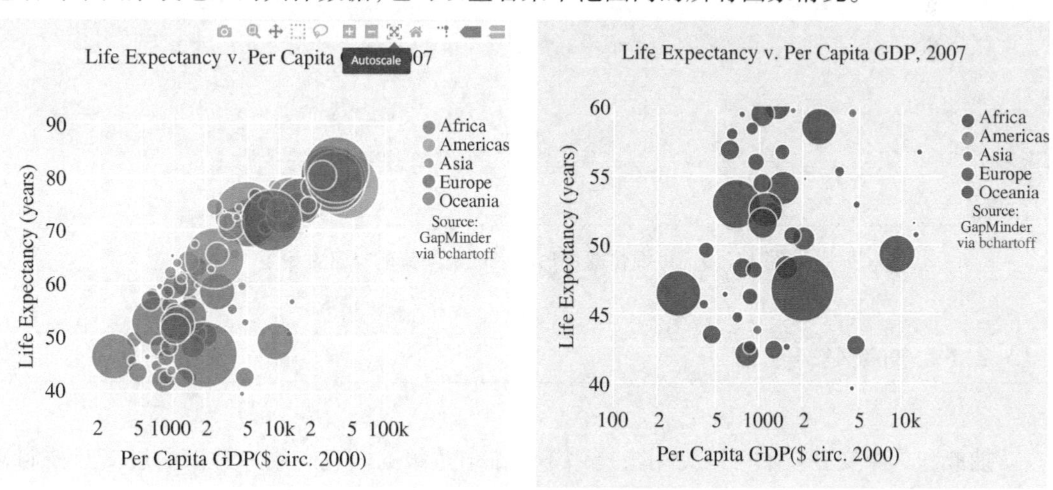


图 13－2 可视化图中的导航

### 13.2.3 重配

重配可以为用户提供不同的视角,可以重新配置视图,重新排列。在图表的可视化应用中,重排列非常常见,主要是解决空间位置距离过大使得两个对象在视觉上的关联性被降低的问题。

### 13.2.4 编码

视觉编码是可视化的核心要素。交互地改变数据元素的可视化编码,例如改变颜色编码,更改大小,调整坐标轴的刻度方式,改变形状等等,或者使用不同的表达方式,改变数据外观,都可以直接影响用户对数据的认知。

许多可视化应用都支持通过交互改变简单的颜色或是形状编码。例如,图 13 - 3 的 GapMinder 的可视化分析图中,可以选择不同的数据进行圆圈的大小编码(右下角 size),也可以设置通过不同的百分比区间对应不同的颜色(右上角 Color),也是修改颜色的编码方式,可以更加突出想要表现的数据。

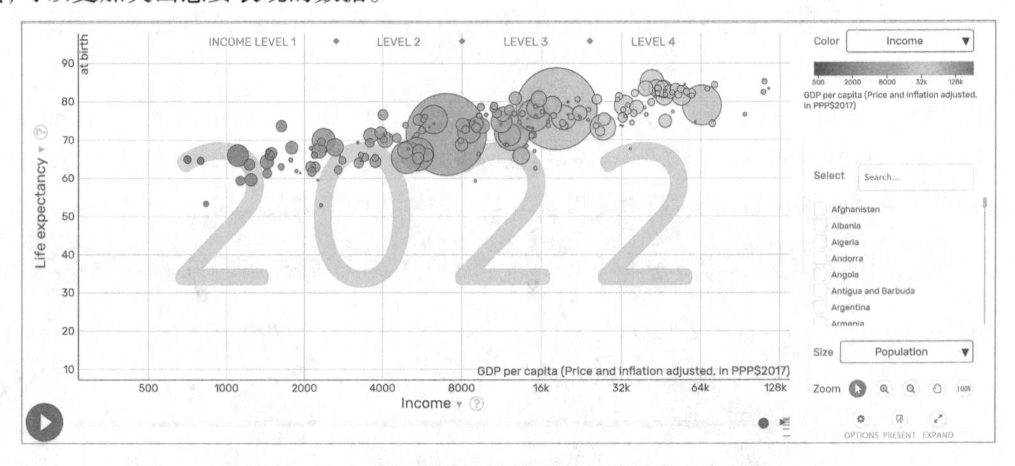


图 13 - 3 可视化图中形状或颜色编码的交互性设置

### 13.2.5 抽象/具象

抽象和具象交互技术可以为用户提供不同细节等级的信息。用户可以通过交互控制显示更多或是更少的数据细节。

例如图 13 - 4 中可以点击任何一个手机品牌,得到其子品牌的销售份额,就是从更多细节上提供了更多的信息。

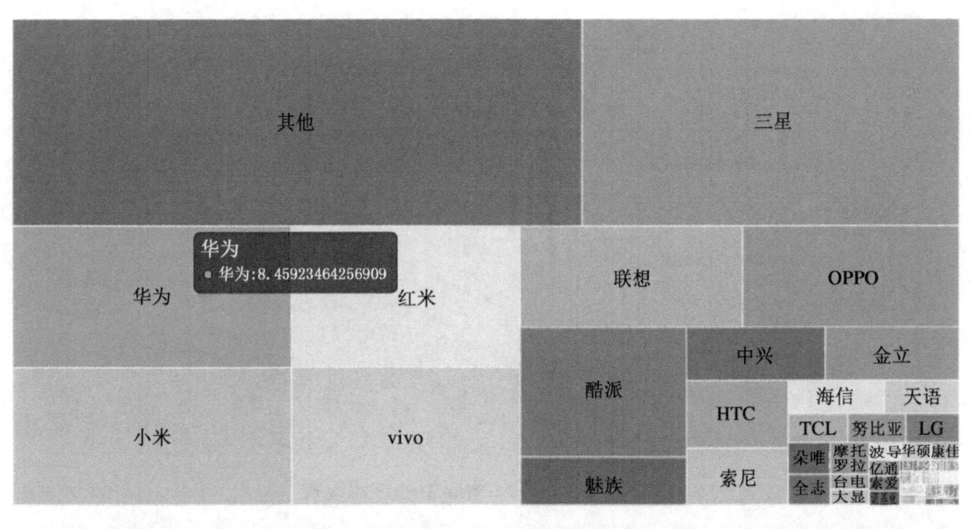


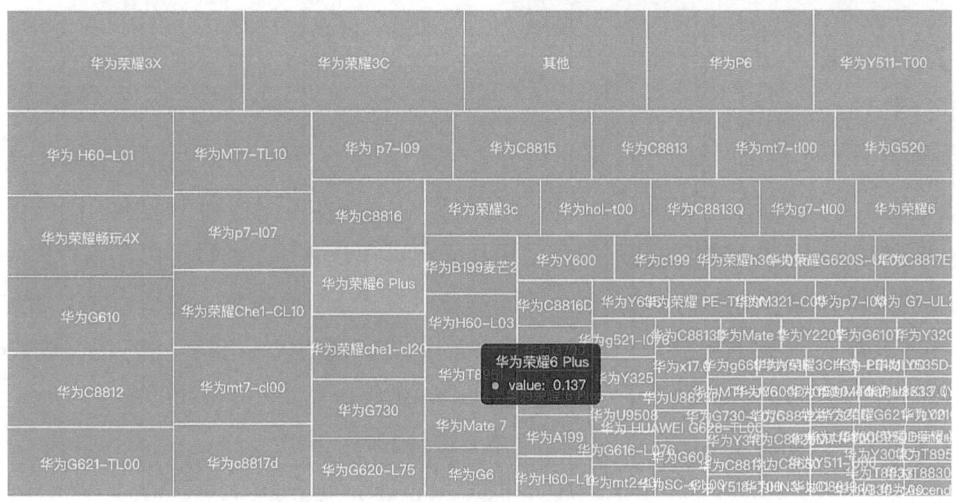


图 13-4 可视化图中的抽象/具象

## 13.2.6 过滤

过滤是指通过设置约束条件实现信息查询。这是日常中最常见的获取信息的方法,例如在搜索引擎中输入关键词查询,或是查询数据库等。但是当用户对数据的整体特性知之甚少时,往往难以找到合适的过滤条件。因此,往往是可视化通过视觉编码先将整体数据呈现给用户,使之对数据的整体特性有所了解,并进一步进行过滤操作。视觉编码和交互紧密迭代,动态实时地更新过滤结果,使得用户可以对结果快速评价,从而加快对信息的获取。

最常见的例子就是各类寻找出租房或是二手房的网站,如图 13-5 所示,面对大量的房源显示,往往允许用户设置各种筛选条件,从价格、户型、面积、地理位置等方面进行过滤,从而让用户快速找到心仪和合适的房子。

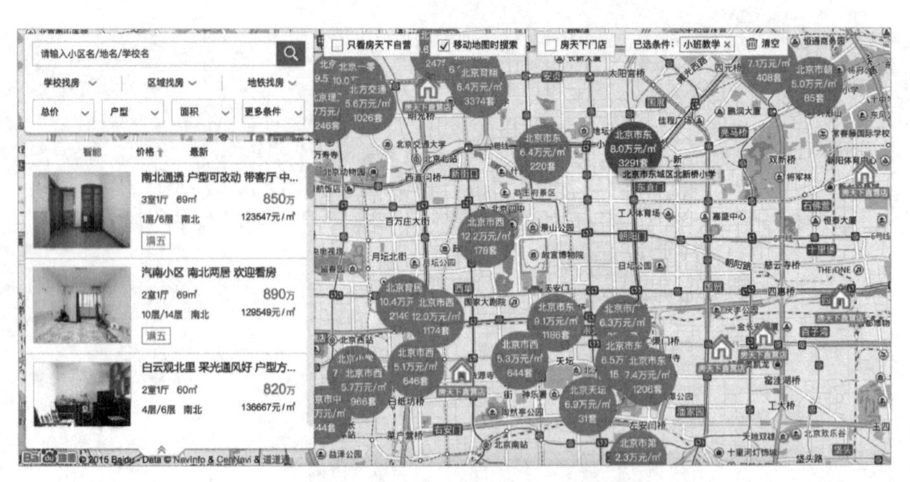


图 13-5　可视化图形中的过滤设置

## 13.2.7　关联

关联技术往往被用于高亮显示数据对象之间的关系,或者显示特定数据对象有关的隐藏关系,更多见于多视图的应用。多视图往往对同一数据在不同视图中采用不同的可视化方法,也可以对不同但是相互关联的数据采用相同的可视化表达。这样可以让用户同时观察数据的不同属性,也可以在不同的角度和不同的显示方式下观察数据。这里通常会用到链接和联动的方式,在一个可视化组件上选取一些对象后,在其他的视图上显示相应的关联数据。

如图 13-6,是美国航班延误和天气关系的可视化作品(https://public.tableau.com/

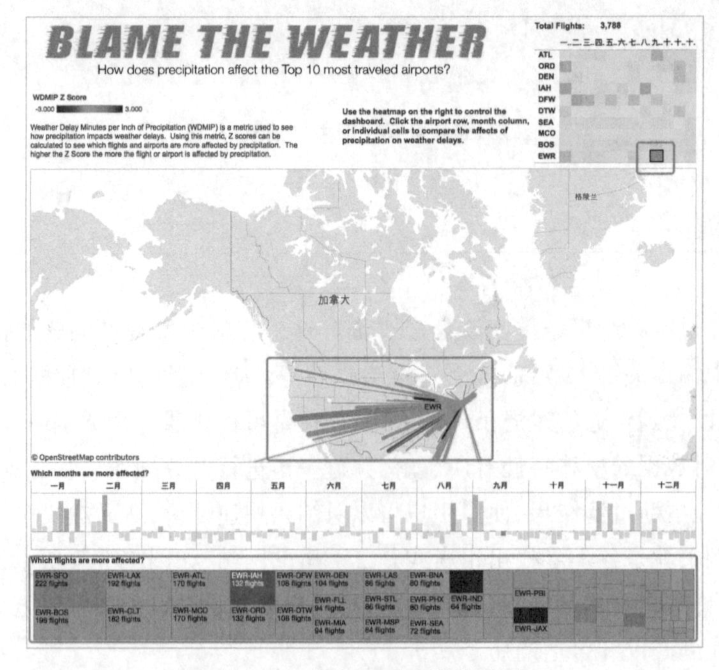


图 13-6　可视化图形中的关联展示

zh-cn/s/gallery/blame-weather-us-flights-delayed-precipitation）。在热力图上选择机场和月份，地图会显示相应的机场，柱状图和矩形树图都会相应地改变，可以让用户进一步了解航班延误的情况。

## 13.3　数据叙事

通过复杂的数据说明问题或提出洞见，往往不是通过单一图表来完成的。在通过数据“讲故事”的过程中，我们可以借鉴传统的叙事方式。这些叙述方式在小说、电视、电影中都得到了广泛应用，在计算机和互联网媒体下，依然值得借鉴。

叙述的方式通常分为作者驱动的叙述和读者驱动的叙述。

### 13.3.1　作者驱动 vs 读者驱动

作者驱动的叙述结构中，往往有一个非常明确的开头和结尾，沿着可视化作者给定的线性流程发展，一步一步带入作者给出的结论中。读者驱动的叙述结构中，虽然也具备明确的开头，但是给予观众选择的自由，允许他们选择叙事发展的方向。这样，虽然每个读者的起点相同，但是基于他们对数据理解的不同，兴趣点的不同，做出的选择不同，会得到千差万别的结果。

作者驱动的叙述方式往往适用于对整个叙述要求顺序严谨，信息量大，要求清晰度和速度的叙述结构中。读者驱动的叙述方式是由读者决定发展趋势，更适合自由互动，让读者提出问题，探索问题，并讲述自己的故事。

### 13.3.2　案例

作者驱动的案例是《财新周刊》对其 500 期封面的内容和设计元素进行分析（https://datanews.caixin.com/interactive/2019/covers/）。如图 13－7 所示，通过一系列可视化的图表，分析了《财新周刊》500 期封面报道的主要题材、封面标题的主要关键词、封面的配色和主要设计元素等，反映了《财新周刊》关注的报道领域和封面设计思想。

关于读者驱动的可视化案例中，交互要求就多很多。第一个例子是读者根据自身的情况判断自己的肥胖情况，并且可查询在某一年在哪些国家算瘦，如图 13－8 所示。每个不同的读者都可以根据自身的情况得到不同的有趣的结论（http://datanews.caixin.com/mobile/obesity/）。

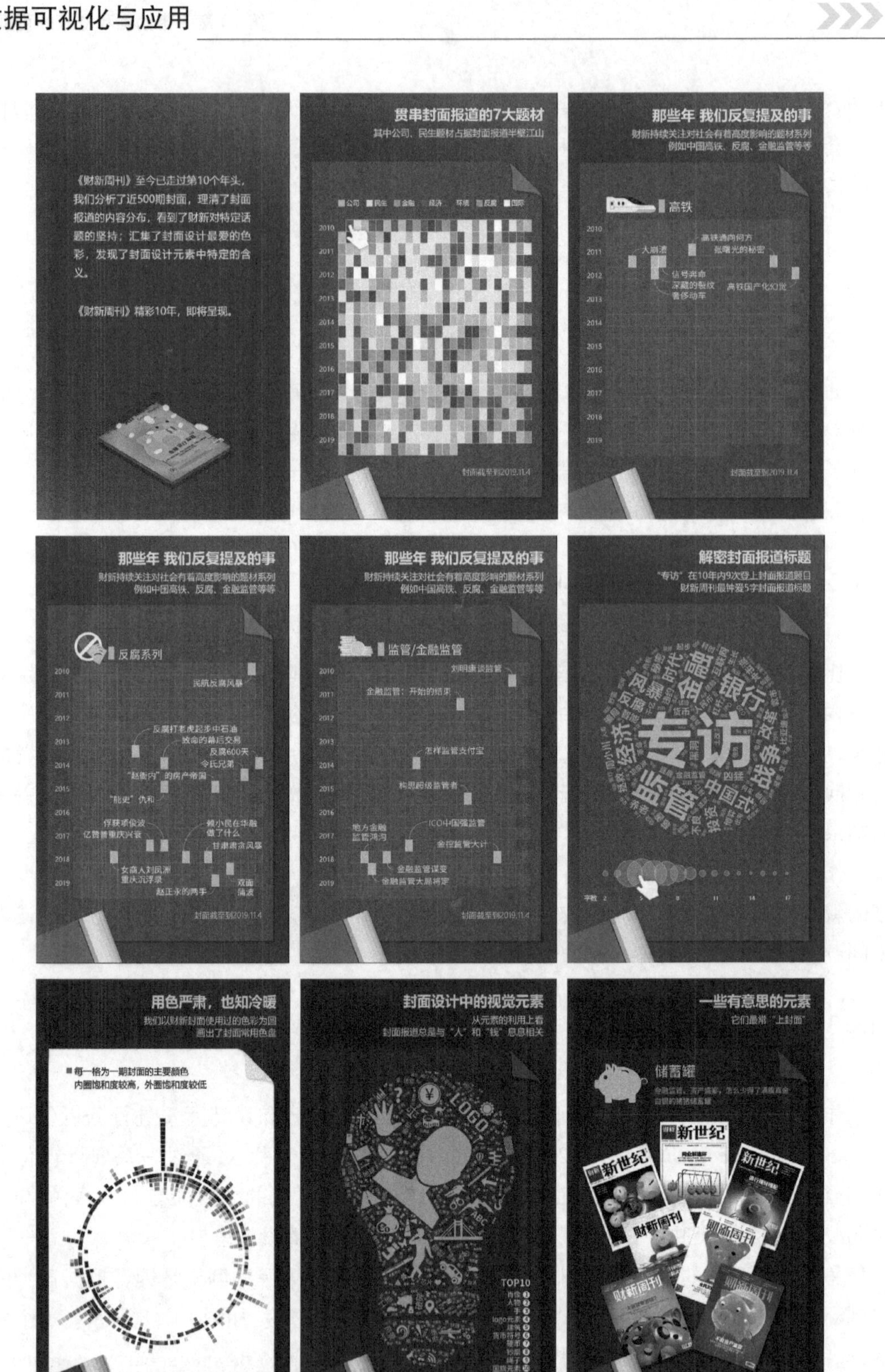


图 13－7 《财新周刊》500 期封面叙述

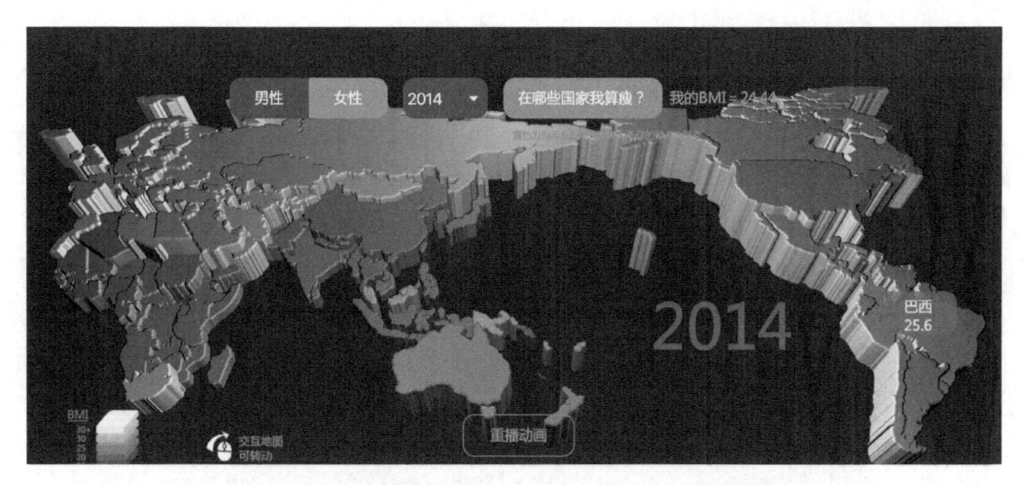


图 13－8　根据自己的 BMI 信息找出在哪些国家算瘦

读者驱动的第二个例子是我们展示过的经济合作组织幸福国家的可视化产品。可以根据读者自身对幸福的理解,设置不同的参数(如图 13－9 右侧滑动按钮),从而获得不同国家不同花形的排名,还可以了解不同地区的人对幸福的理解。

图 13－9　读者设置影响自身幸福度的因素

## 13.3.3　马提尼酒杯叙述

我们知道了读者驱动和作者驱动的叙述结构,作者驱动的叙述结构是线性的,读者驱动是多角度的。但是在复杂的描述中还常用马提尼酒杯的描述方式。之所以叫马提尼酒杯,就是因为它有独特的形状,有底座、细长的杯茎和开阔的杯口。对应于叙述结构,就是开始阶段通过作者驱动的模式,到达杯口

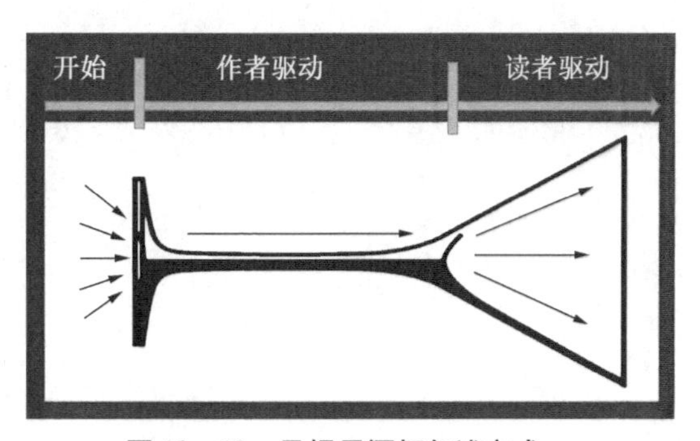


图 13－10　马提尼酒杯叙述方式

的时候，可视化的视野打开，可以让读者自由探索数据中的各种路径，从而得到不同的结尾。这种就是整合作者驱动和读者驱动的方式，如图 13－10 所示。

第一个例子是财新网关于北京购车摇号家庭中签概率有多高的可视化产品，从图中可惊奇地发现近年来每轮摇号中处于最高阶梯的摇号编码的中签率是逐年下降的，如图 13－11 所示。同时发现了北京新能源车排号周期越来越长的趋势，如图 13－12 所示。

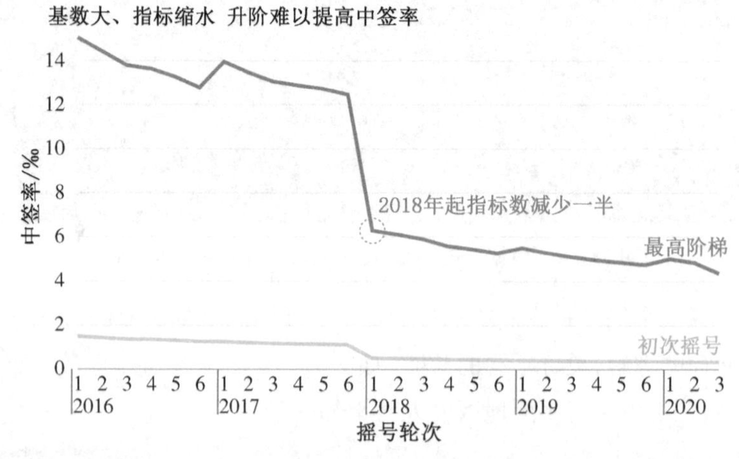


图 13－11　北京购车摇号中签率逐年下降趋势

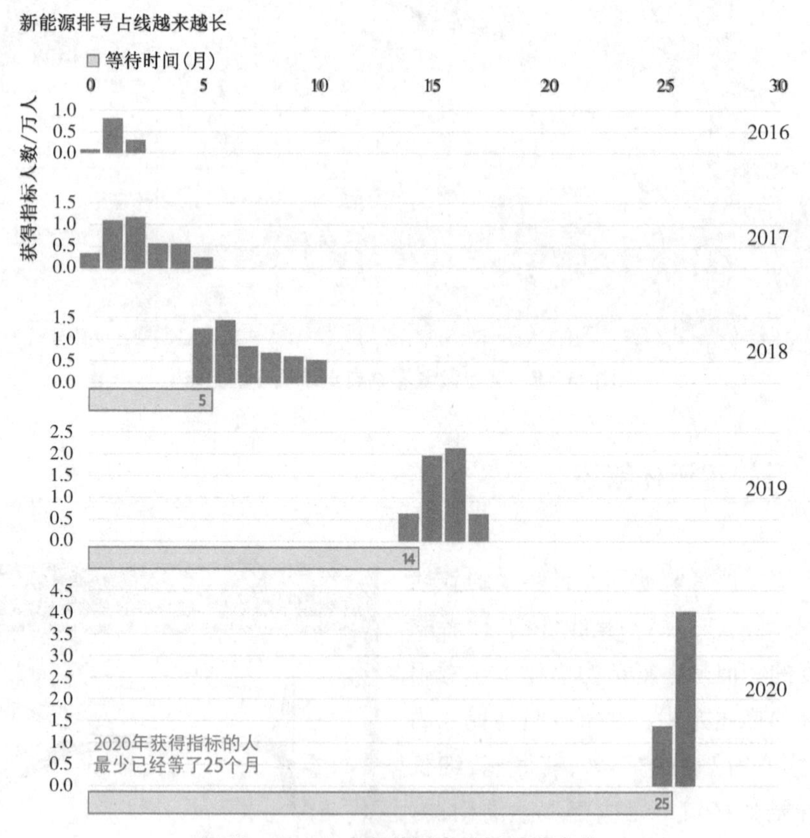


图 13－12　北京新能源车排号周期变化

最终根据读者自身的情况，计算家庭购车摇号积分，扩展各个读者根据自身情况对数据的探索，如图 13－13 所示。

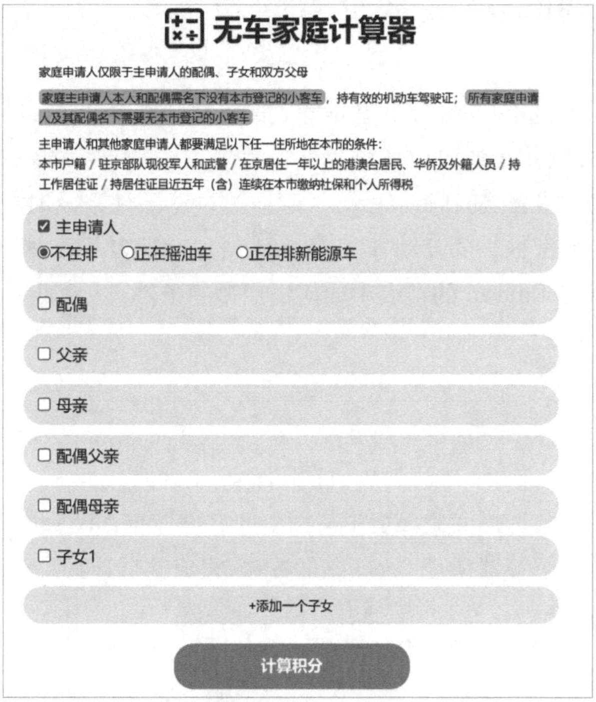

无车家庭计算器

家庭申请人仅限于主申请人的配偶、子女和双方父母

家庭主申请人本人和配偶需名下没有本市登记的小客车，持有效的机动车驾驶证；所有家庭申请人及其配偶名下需要无本市登记的小客车

主申请人和其他家庭申请人都要满足以下任一住所地在本市的条件：
本市户籍 / 驻京部队现役军人和武警 / 在京居住一年以上的港澳台居民、华侨及外籍人员 / 持工作居住证 / 持居住证且近五年（含）连续在本市缴纳社保和个人所得税

☑ 主申请人
◉不在排　○正在摇油车　○正在排新能源车

☐ 配偶

☐ 父亲

☐ 母亲

☐ 配偶父亲

☐ 配偶母亲

☐ 子女1

+添加一个子女

计算积分

图 13－13　无车家庭摇号积分计算器

第二个可视化案例是对 MH370 空难乘客的可视化作品（https://castleinthesky.github.io/）。可以看到首先用动画线反映了每个遇难乘客的情况，然后可以选择国籍、性别、年龄了解更多情况，也是先叙述后探索的模式，如图 13－14 所示。

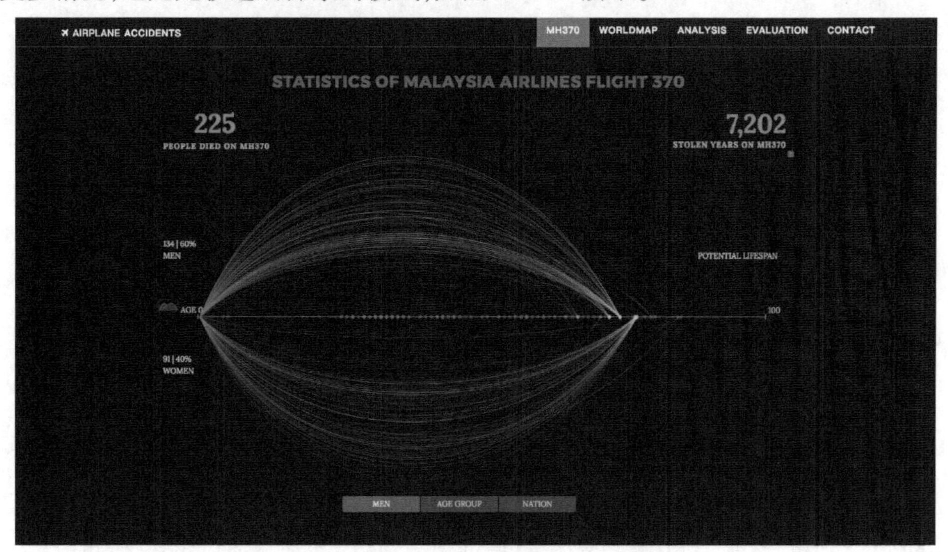


图 13－14　MH370 空难乘客的可视化

# 13.4 通过 Tableau 完成交互图表

前面我们学习了通过 Tableau 完成基本图表的方法。在生成的基本图表中,都会有常见的标签显示数据,焦点变化是通过改变颜色或位置等方法来提示的基本的交互手段。除此之外,Tableau 还提供了图表之间联动显示、一起通过过滤条件来及时更新图表内容的方法。这些从过滤和关联的角度提供的互动方法,能大大增加对报表的数据分析和展示的支持。

我们下面将演示在 Tableau 的报表中如何增加过滤条件,以及如何设置数据联动。

## 13.4.1 添加数据源

(1) 开始实验资源,进入实验环境中,打开 Tableau 软件。

(2) 新建连接 Excel,选择实验环境中桌面上的文件 company_sales_record_utf8. xlsx。

(3) 通过使用数据解释器清理 Excel 中的数据,完成数据连接,如图 13 - 15 所示。

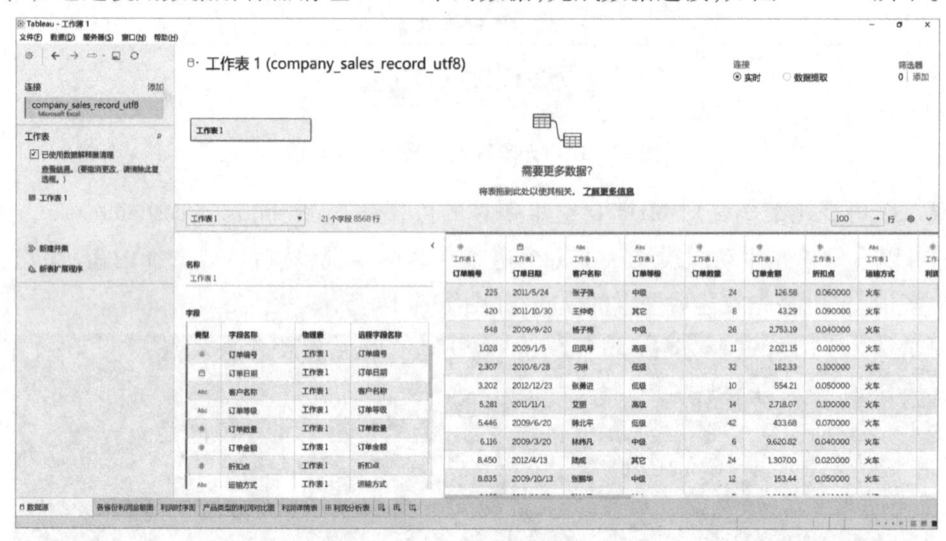


图 13 - 15 Tableau 连接数据源

## 13.4.2 创建相关工作表

### 1) 完成各省份利润的地图

将"省份"的地理角色设置为"省/自治区/市",双击"省份",自动生成地图。拖拽"利润金额"到标记的"颜色"中,标记的类型会自动选择为"地图",则生成了针对利润金额的填充颜色地图。可以增加"省份"到标签,勾选颜色设置"使用完整颜色范围"。

### 2）完成利润金额的时序图

调整订单日期的字段类型为“日期”，然后把“订单日期”拖拽到列功能区，把“利润金额”拖拽到行功能区，并修改订单日期“年/月”的形式，会自动生成针对利润金额的时序图，如图 13－16 所示。

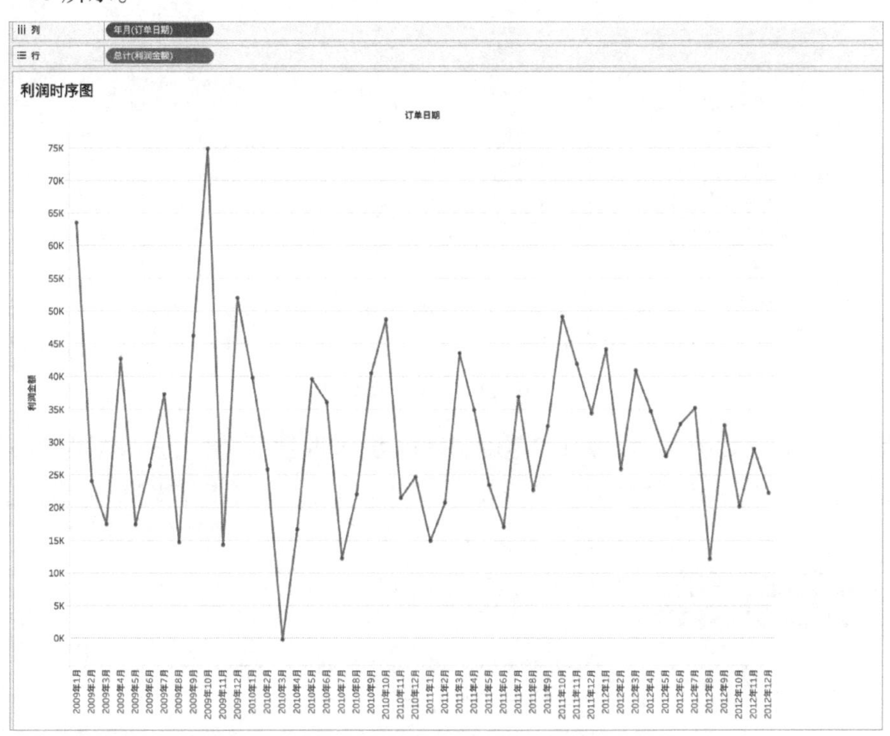


**图 13－16 利润时序图**

为了更加灵活地设置时间范围，我们设置两个参数“开始时间”和“结束时间”，可以创建参数，设置数据类型为“日期”，从“订单日期”中获取值范围，并设置步长为 1 个月，如图 13－17 所示。

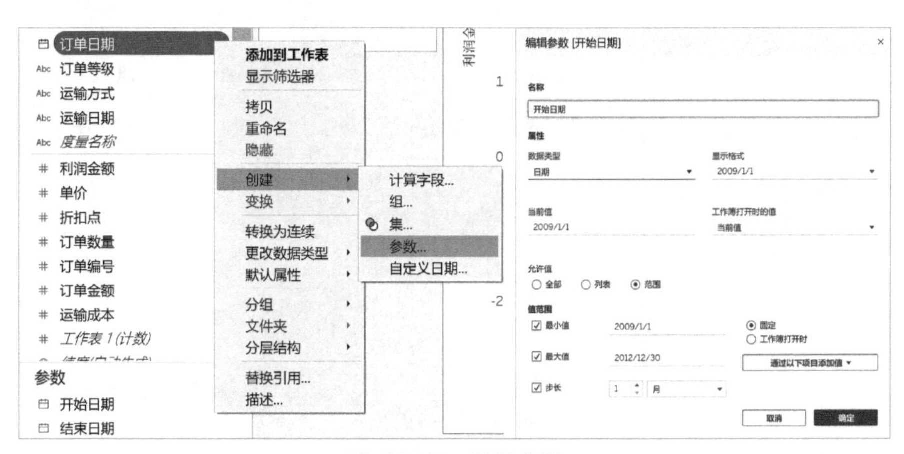


**图 13－17 设置参数**

同时,增加一个计算字段"日期范围",命令为[订单日期]>=[开始日期]AND[订单日期]<=[结束日期],如图13-18所示。

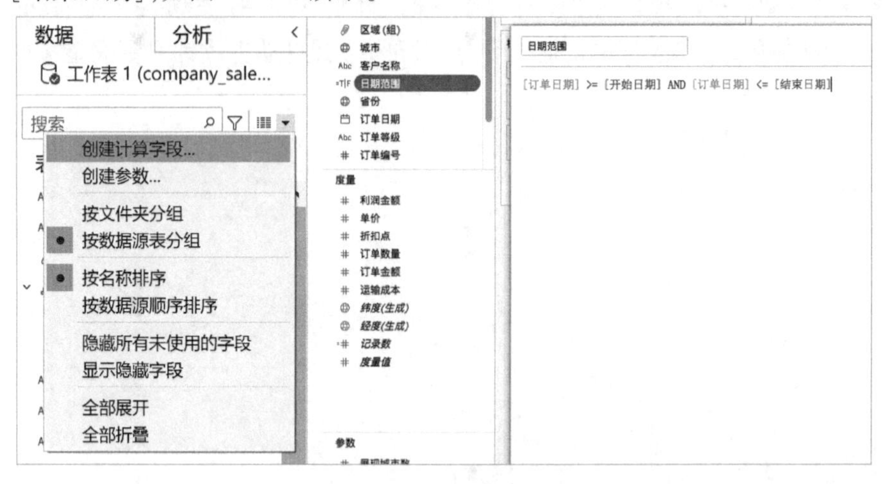


图13-18　创建计算字段

然后,如图13-19所示,添加日期范围到筛选器,并只选择"真",显示参数,这样就可以通过调整参数来自定义不同时间范围的利润曲线了。最后,命名工作表为"利润时序图"。

图13-19　添加日期范围至筛选器

### 3）完成不同产品类型的利润金额对比图

可以选中“产品类型”和“产品小类”，右键选择分层结构→创建分层结构，创建“产品类别”的分层。确保“产品类型”在“产品小类”的前面，然后将“产品类别”拖拽到列功能区后，可以看到前面的“加号”标志，点击可以进一步展示“产品小类”的内容。把“利润金额”拖拽到行功能区，就得到了一个条形图的视图。办公用品的类别比较杂，可以通过分组合并一些类别。在图例中选择排序最后的区域，并点击“回形针”标记，合并为一组。并把“利润金额”拖拽到颜色上，可以得到不同产品类别的利润对比图，命名工作表为“产品类型的利润对比图”，如图 13－20 所示。

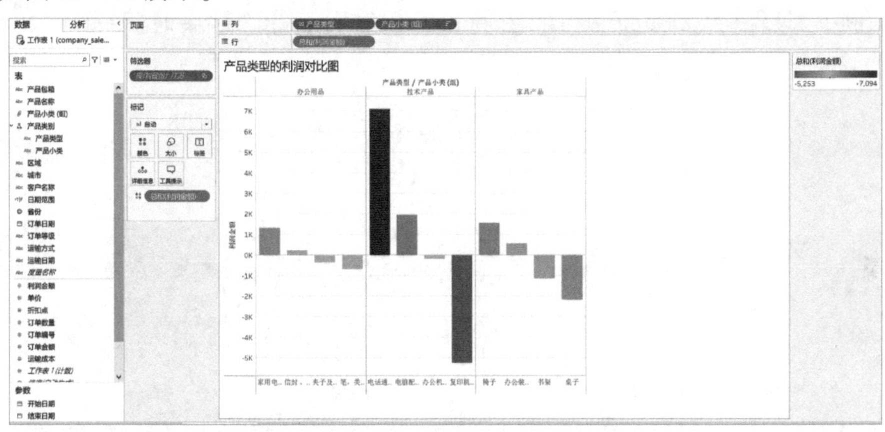


图 13－20　产品类型的利润对比图

### 4）完成利润的详情表

拖拽“省份”“城市”“订单日期”“产品类型”“产品小类”到行功能区，拖拽“利润金额”到“标签”和“颜色”标记卡中，得到了一张热力表，可以获得利润的详细表格和颜色提示。在“颜色”中设置“红色—蓝色发散”，并勾选“使用完整颜色范围”，设置中心为 0。在“订单日期”中设置格式为“年月”。最后，修改工作表为“利润详情表”，如图 13－21 所示。

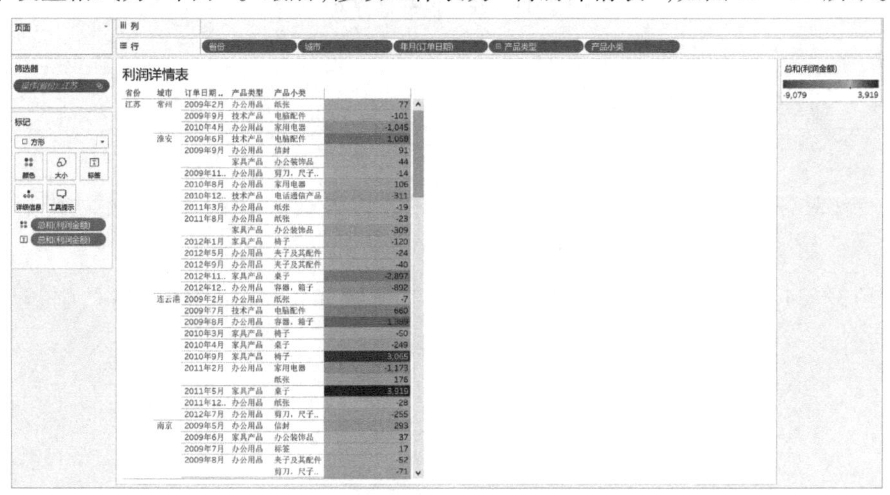


图 13－21　利润详情表

### 13.4.3 创建仪表盘和布局

将上一节中创建的工作表组织到一起,成为一个动态的利润分析仪表盘。点击"新建仪表盘"创建一个仪表盘。我们可以看到左侧的工作表里列出我们已经完成的工作表。

将仪表盘命名为"利润分析表",在界面左下方勾选"显示仪表板标题",再拖拽"水平"容器到空白区域,然后拖拽"各省份利润金额图"和"利润时序图"到水平布局中。再拖拽"水平"容器到下部分,然后拖拽"产品类型的利润对比图"和"利润详情表"到布局中。在筛选器和图例中,只保留"利润金额"的图例和"开始时间"和"结束时间"的参数设置,如图 13-22 所示。

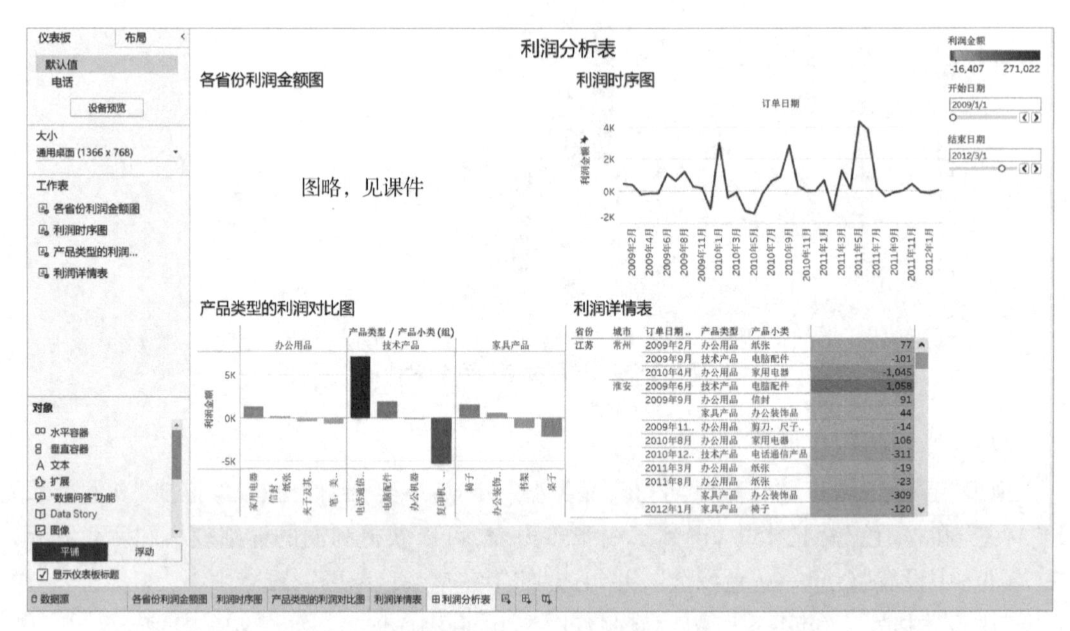


图 13-22　仪表板界面

### 13.4.4 创建仪表盘的交互操作

下一步,对各个图表之间添加表间筛选。通过"仪表板"→"操作"中,添加"筛选器"操作,如图 13-23 所示。

如图 13-24 所示,在地图中选择了江苏省,其他所有的图都会更新数据,刷新为当前省份的利润图。

图 13-23　表间筛选(省份筛选)

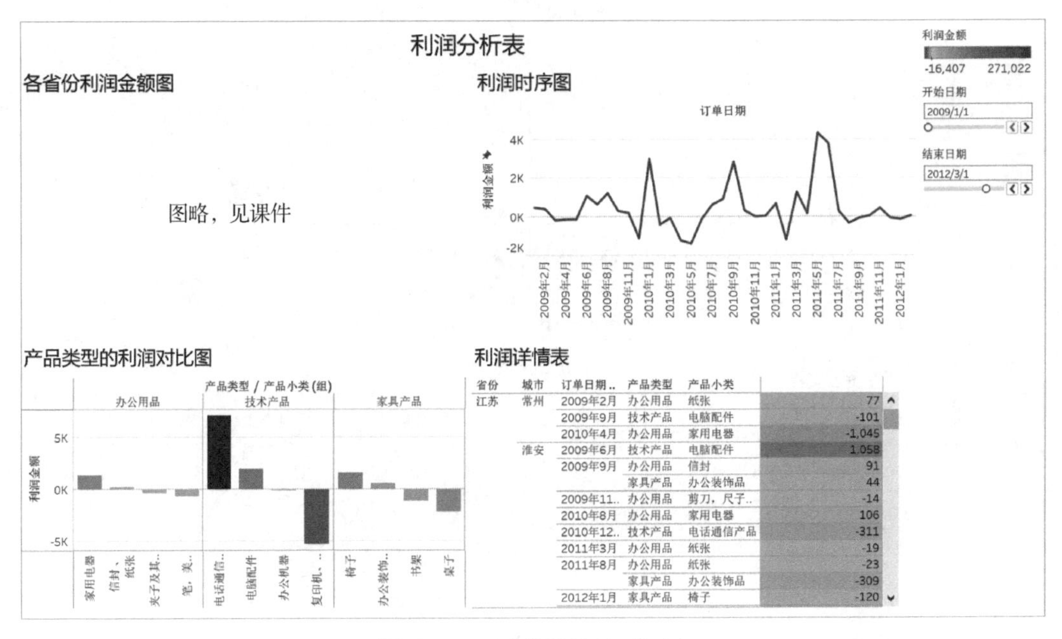


图 13-24　省份筛选(江苏省)

类似地,我们可以设置更多的筛选器,将“利润时序图”和其他的图表的字段相关联,如图 13-25 所示。

这样可以进一步查看关心的异常数据的详情。可以查看亏损的贵州省亏损最严重的时间以及对应的产品、订单,如图 13-26 所示。

图 13-25　利润筛选器

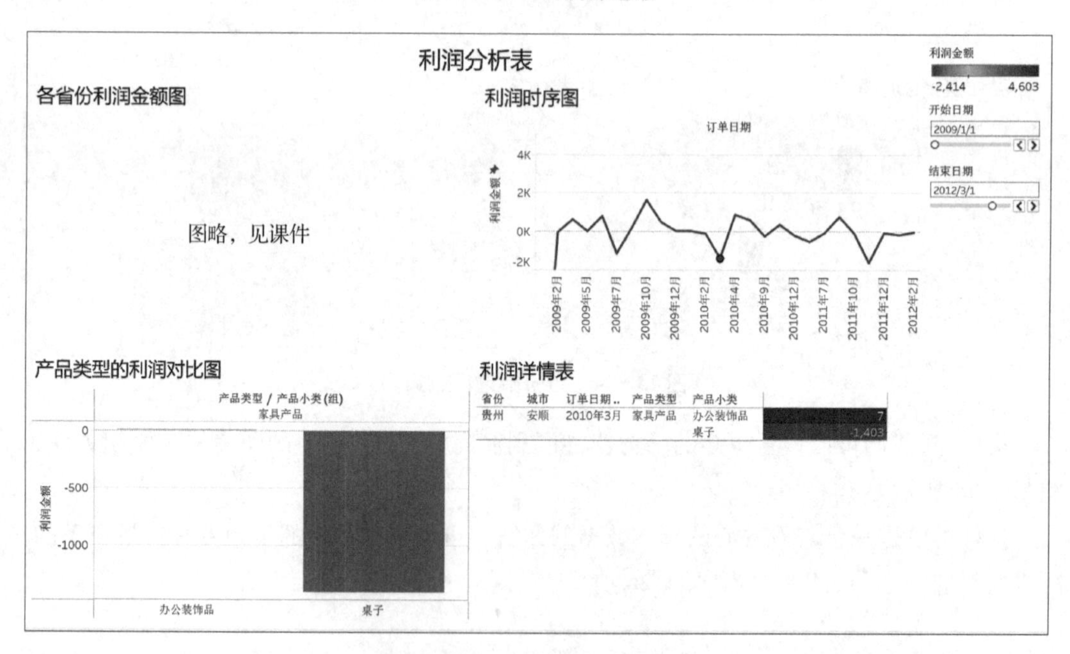


图 13-26　利润筛选(贵州省)

还可将“产品类型的利润对比图”和其他的图表的字段相关联，如图 13-27 所示。

图 13－27　产品类型筛选器

也可以查看某个小类的产品亏损最严重的时间，以及对应的省份和订单，如图 13－28 所示。

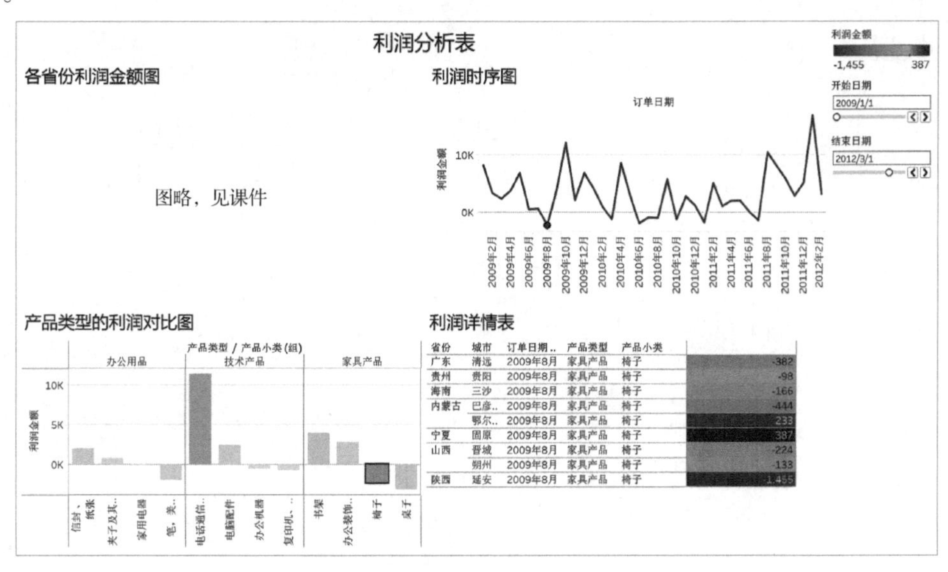


图 13－28　产品类型和利润筛选

最后,如果希望时间范围对所有的图表都适用,在“利润时序表”中的筛选器中,对应日期范围设置“应用与工作表”为“适用此数据源的所有项”。这样选择不同的开始和结束日期时间段,所有的图表都跟随刷新。

## 13.5 通过 D3 完成可交互的图表

D3 本身也提供了多种动画的方法,可以灵活地展示图形元素。同样,JavaScript 也提供了大量可交互的方法,合理运用 D3 和 JavaScript 可以实现非常灵活互动的 Web 可视化产品。下面介绍一下 D3 的动画方法。

### 13.5.1 动画过渡

D3 中可以通过 transition( )方法实现图形显示过程中的动画,并可以指定具体动画过渡的类型,包括多种线性、跳跃等曲线类型,也可以设置过渡所需的时间长度。以第 8 章例 8 - 1 绘制的柱状图为例演示 D3 的动画方法,代码修改如下:

```
//增加以下代码,定义 transition 对象
const t1 = d3.transition()//定义过渡
        .duration(1000)//定义过渡持续时间为 1 秒
        .ease(d3.easeLinear);//定义过渡方式
//修改以下代码
svg.selectAll("rect")
        .data(dataset)
        .enter()
        .append("rect")
        .attr("x",20)
        .attr("y",function(d,i){
            return i* rectHeight;
        })
        .attr("height",rectHeight - 2)
        .attr("class","rect-bar")
        .attr("width",0)
        .transition(t1)
        .attr("width",function(d){
            return linear(d);
        });
    svg.selectAll("text")
        .data(dataset)
        .enter()
```

```
        .append("text")
        .text(function(d){return d;})
        .attr("y",function(d,i){
            return i* rectHeight + rectHeight - 2;
        })
        .attr("text-anchor","start")
        .attr("x",20)
        .transition(t1)
        .attr("x",function(d){
            return 20 + linear(d);
        });
```

通过以上代码修改,例 8－1 的柱状图增加了柱状图形及相应文字的过渡动画效果。

### 13.5.2　增加提示框

在图表中增加提示框,详细描述选择的图形代表的数据和含义,也是最为常见的交互方法。以第 9 章例 9－2 绘制的日历热区图为例,我们允许鼠标悬停在某个日期的色块时显示相应的日期和温度,就是一个提供提示框的交互方式。具体代码修改部分如下:

```
//在<head>增加以下 CSS 样式
<style>
        .tooltip {
            position: absolute;
            pointer-events: none;
            font-size: 15px;
            opacity: 1;}
</style>
//增加以下代码,定义提示框对象
var tooltip = d3.select("body")
            .append("div")
            .attr("class","tooltip")
            .style("background-color","#d3d3d3")
            .style("border-radius","3px")
            .style("padding","5px");
//修改以下代码,增加交互事件
day.filter(function(d) {return mapData.has(d);})
            .attr("fill",function(d) {
                return color(mapData.get(d));
            })
            .on("mouseover",function(d,i){
                //console.log(i);
                tooltip.html(i + "最高温度:" + mapData.get(i))
```

```
                .style("visibility","visible")
                .style("left",(event.pageX +10) + "px")
                .style("top",(event.pageY -10) + "px");
            })
        .on("mouseout",function(){
            tooltip.style('visibility','hidden');
        });
```

产生的效果如图 13 - 29 所示。

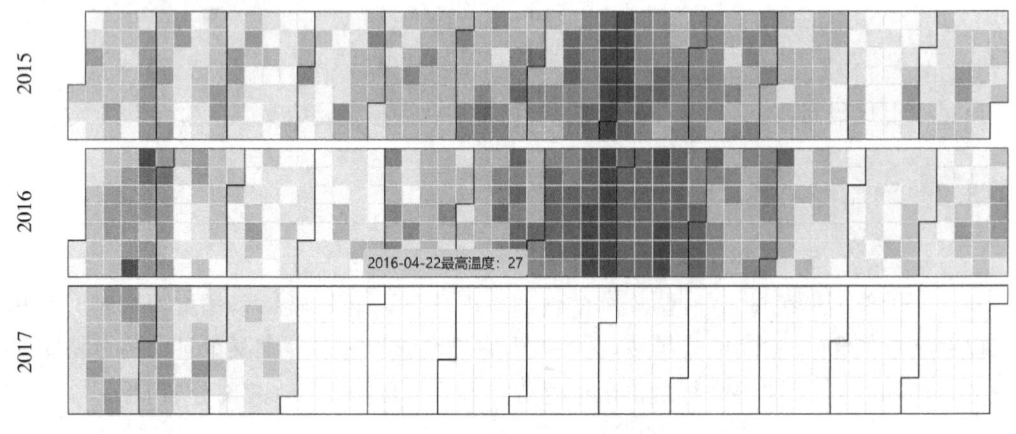


图 13 - 29　例 9 - 2 增加提示框

### 13.5.3　转换焦点

同样，在数据过于复杂的情况下，我们可以通过鼠标选择关注的内容，加强当前数据的显示，吸引焦点。这也是一种常见的交互手段。

以第 9 章例 9 - 1 绘制的时间序列图为例，为了突出某个区的温度变化，通过图例可以选择不同的线图。同样是响应图例的事件，修改线的显示属性，把和图例相关的线加粗加深，把其他线弱化，并增加过渡动画。

```
//增加以下代码,为每条曲线增加一个编号
groupData.forEach(function (d,i){
            d.push(i);
        })
//修改以下代码,为每条曲线设置一个 id,值为以上代码增加的编号
region.append("path")
            .attr("class","region-line")
            .attr("id",function(d,i){
                return "region-line" + d[2];
```

```
            })
            .attr("d",function(d){
                return linePath(d[1]);
            })
            .attr("stroke",function(d){
                return z(d[0]);
            })
            .attr("stroke-width",'2')
            .attr("fill",'none')
//增加以下代码,当鼠标悬停时将当前 id 对应的曲线加粗,其他曲线变细变淡;当鼠标移出时恢复
region.call(callEvent);
        function callEvent(){
            if(arguments){
                arguments[0]
                    .on("mouseover",function(d,i) {
                        d3.selectAll(".region-line")
                            .transition().duration(500)
                            .attr("stroke-width",'1')
                            .attr("opacity","0.2");
                      d3.select("#region-line" + i[2])
                            .transition().duration(500)
                            .attr("stroke-width",'4')
                            .attr("opacity",'1')
                    })
                    .on("mouseout",function(d,i) {
                        d3.selectAll(".region-line")
                            .transition().duration(500)
                            .attr("stroke-width",'2')
                            .attr("opacity","1");
                      d3.select("#region-line" + i[2]).transition().duration
(500).attr("stroke-width",'2')
                  })
            }
        }
```

最终的效果如图 13－30 所示。

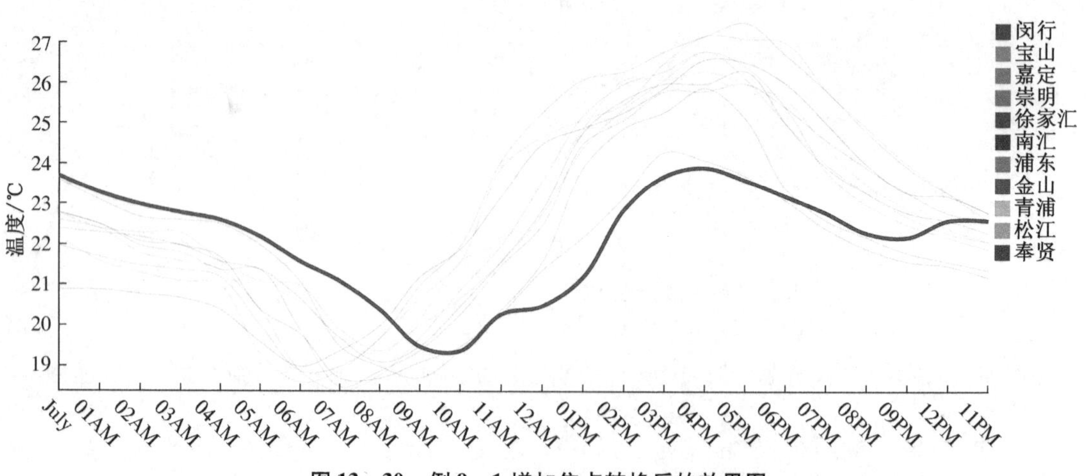


**图 13－30　例 9－1 增加焦点转换后的效果图**

## 13.6　小结

- 交互是通过与系统之间的对话和互动来操控和理解数据的过程。
- 交互技术多种多样,每种交互技术适合特定的可视化设计场景,包括选择、导航、重配、编码、抽象/具象、过滤和关联等方式。
- 通过数据完成叙事的过程包括作者驱动和读者驱动两种思路。
- 可以结合作者驱动和读者驱动两种方法为一体,称之为马提尼酒杯叙述方法。
- 通过 Tableau 完成相互关联和可以过滤的报表。
- 通过 D3 完成可交互的图表。